"十三五"国家重点出版物出版规划项目

国家出版基金项目
NATIONAL PUBLICATION FOUNDATION

海洋机器人科学与技术丛书

封锡盛 李 硕 主编

水下机器人体系结构

林昌龙 著

科学出版社
龙门书局
北 京

内 容 简 介

  本书按自主机器人体系结构的发展历程介绍多类体系结构,包括传统体系结构阶段的慎思式、反应式、混合式体系结构和现代体系结构阶段的通用化体系结构、基于工具箱的体系结构。本书最后采用面向对象 Petri 网从时序和逻辑角度对体系结构进行建模和分析。

  本书可供模式识别与智能系统、控制理论与控制工程、系统工程、机器人技术等专业的科研人员、研究生及高年级本科生参考。

图书在版编目(CIP)数据

水下机器人体系结构 / 林昌龙著. —北京:龙门书局,2020.11

(海洋机器人科学与技术丛书/封锡盛,李硕主编)

"十三五"国家重点出版物出版规划项目　国家出版基金项目

ISBN 978-7-5088-5846-3

Ⅰ. ①水…　Ⅱ. ①林…　Ⅲ. ①水下作业机器人-人体结构　Ⅳ. ①TP242.2

中国版本图书馆 CIP 数据核字(2020)第 219406 号

责任编辑:王喜军　张培静　张　震 / 责任校对:樊雅琼
责任印制:师艳茹 / 封面设计:无极书装

科学出版社
龙门书局 出版

北京东黄城根北街 16 号
邮政编码:100717
http://www.sciencep.com

中国科学院印刷厂 印刷

科学出版社发行　各地新华书店经销

*

2020 年 11 月第 一 版　　开本:720 × 1000　1/16
2023 年 1 月第二次印刷　　印张:13 1/4　插页:2
字数:267 000

定价:108.00 元
(如有印装质量问题,我社负责调换)

丛书前言一

浩瀚的海洋蕴藏着人类社会发展所需的各种资源，向海洋拓展是我们的必然选择。海洋作为地球上最大的生态系统不仅调节着全球气候变化，而且为人类提供蛋白质、水和能源等生产资料支撑全球的经济发展。我们曾经认为海洋在维持地球生态系统平衡方面具备无限的潜力，能够修复人类发展对环境造成的伤害。但是，近年来的研究表明，人类社会的生产和生活会造成海洋健康状况的退化。因此，我们需要更多地了解和认识海洋，评估海洋的健康状况，避免对海洋的再生能力造成破坏性影响。

我国既是幅员辽阔的陆地国家，也是广袤的海洋国家，大陆海岸线约 1.8 万千米，内海和边海水域面积约 470 万平方千米。深邃宽阔的海域内潜含着的丰富资源为中华民族的生存和发展提供了必要的物质基础。我国的洪涝、干旱、台风等灾害天气的发生与海洋密切相关，海洋与我国的生存和发展密不可分。党的十八大报告明确提出："提高海洋资源开发能力，发展海洋经济，保护海洋生态环境，坚决维护国家海洋权益，建设海洋强国。"[①]党的十九大报告明确提出："坚持陆海统筹，加快建设海洋强国。"[②]认识海洋、开发海洋需要包括海洋机器人在内的各种高新技术和装备，海洋机器人一直为世界各海洋强国所关注。

关于机器人，蒋新松院士有一段精彩的诠释：机器人不是人，是机器，它能代替人完成很多需要人类完成的工作。机器人是拟人的机械电子装置，具有机器和拟人的双重属性。海洋机器人是机器人的分支，它还多了一重海洋属性，是人类进入海洋空间的替身。

海洋机器人可定义为在水面和水下移动，具有视觉等感知系统，通过遥控或自主操作方式，使用机械手或其他工具，代替或辅助人去完成某些水面和水下作业的装置。海洋机器人分为水面和水下两大类，在机器人学领域属于服务机器人中的特种机器人类别。根据作业载体上有无操作人员可分为载人和无人两大类，其中无人类又包含遥控、自主和混合三种作业模式，对应的水下机器人分别称为无人遥控水下机器人、无人自主水下机器人和无人混合水下机器人。

---

① 胡锦涛在中国共产党第十八次全国代表大会上的报告. 人民网，http://cpc.people.com.cn/n/2012/1118/c64094-19612151.html

② 习近平在中国共产党第十九次全国代表大会上的报告. 人民网，http://cpc.people.com.cn/n1/2017/1028/c64094-29613660.html

无人水下机器人也称无人潜水器，相应有无人遥控潜水器、无人自主潜水器和无人混合潜水器。通常在不产生混淆的情况下省略"无人"二字，如无人遥控潜水器可以称为遥控水下机器人或遥控潜水器等。

世界海洋机器人发展的历史大约有 70 年，经历了从载人到无人，从直接操作、遥控、自主到混合的主要阶段。加拿大国际潜艇工程公司创始人麦克法兰，将水下机器人的发展历史总结为四次革命：第一次革命出现在 20 世纪 60 年代，以潜水员潜水和载人潜水器的应用为主要标志；第二次革命出现在 70 年代，以遥控水下机器人迅速发展成为一个产业为标志；第三次革命发生在 90 年代，以自主水下机器人走向成熟为标志；第四次革命发生在 21 世纪，进入了各种类型水下机器人混合的发展阶段。

我国海洋机器人发展的历程也大致如此，但是我国的科研人员走过上述历程只用了一半多一点的时间。20 世纪 70 年代，中国船舶重工集团公司第七〇一研究所研制了用于打捞水下沉物的"鱼鹰"号载人潜水器，这是我国载人潜水器的开端。1986 年，中国科学院沈阳自动化研究所和上海交通大学合作，研制成功我国第一台遥控水下机器人"海人一号"。90 年代我国开始研制自主水下机器人，"探索者"、CR-01、CR-02、"智水"系列等先后完成研制任务。目前，上海交通大学研制的"海马"号遥控水下机器人工作水深已经达到 4500 米，中国科学院沈阳自动化研究所联合中国科学院海洋研究所共同研制的深海科考型ROV 系统最大下潜深度达到 5611 米。近年来，我国海洋机器人更是经历了跨越式的发展。其中，"海翼"号深海滑翔机完成深海观测；有标志意义的"蛟龙"号载人潜水器将进入业务化运行；"海斗"号混合型水下机器人已经多次成功到达万米水深；"十三五"国家重点研发计划中全海深载人潜水器及全海深无人潜水器已陆续立项研制。海洋机器人的蓬勃发展正推动中国海洋研究进入"万米时代"。

水下机器人的作业模式各有长短。遥控模式需要操作者与水下载体之间存在脐带电缆，电缆可以源源不断地提供能源动力，但也限制了遥控水下机器人的活动范围；由计算机操作的自主水下机器人代替人工操作的遥控水下机器人虽然解决了作业范围受限的缺陷，但是计算机的自主感知和决策能力还无法与人相比。在这种情形下，综合了遥控和自主两种作业模式的混合型水下机器人应运而生。另外，水面机器人的引入还促成了水面与水下混合作业的新模式，水面机器人成为沟通水下机器人与空中、地面机器人的通信中继，操作者可以在更远的地方对水下机器人实施监控。

与水下机器人和潜水器对应的英文分别为 underwater robot 和 underwater vehicle，前者强调仿人行为，后者意在水下运载或潜水，分别视为"人"和"器"，海洋机器人是在海洋环境中运载功能与仿人功能的结合体。应用需求的多样性使得运载与仿人功能的体现程度不尽相同，由此产生了各种功能型的海洋机器人，如观察型、作业型、巡航型和海底型等。如今，在海洋机器人领域 robot 和 vehicle 两词的内涵逐渐趋同。

信息技术、人工智能技术特别是其分支机器智能技术的快速发展，正在推动海洋机器人以新技术革命的形式进入"智能海洋机器人"时代。严格地说，前述自主水下机器人的"自主"行为已具备某种智能的基本内涵。但是，其"自主"行为泛化能力非常低，属弱智能；新一代人工智能相关技术，如互联网、物联网、云计算、大数据、深度学习、迁移学习、边缘计算、自主计算和水下传感网等技术将大幅度提升海洋机器人的智能化水平。而且，新理念、新材料、新部件、新动力源、新工艺、新型仪器仪表和传感器还会使智能海洋机器人以各种形态呈现，如海陆空一体化、全海深、超长航程、超高速度、核动力、跨介质、集群作业等。

海洋机器人的理念正在使大型有人平台向大型无人平台转化，推动少人化和无人化的浪潮滚滚向前，无人商船、无人游艇、无人渔船、无人潜艇、无人战舰以及与此关联的无人码头、无人港口、无人商船队的出现已不是遥远的神话，有些已经成为现实。无人化的势头将冲破现有行业、领域和部门的界限，其影响深远。需要说明的是，这里"无人"的含义是人干预的程度、时机和方式与有人模式不同。无人系统绝非无人监管、独立自由运行的系统，仍是有人监管或操控的系统。

研发海洋机器人装备属于工程科学范畴。由于技术体系的复杂性、海洋环境的不确定性和用户需求的多样性，目前海洋机器人装备尚未被打造成大规模的产业和产业链，也还没有形成规范的通用设计程序。科研人员在海洋机器人相关研究开发中主要采用先验模型法和试错法，通过多次试验和改进才能达到预期设计目标。因此，研究经验就显得尤为重要。总结经验、利于来者是本丛书作者的共同愿望，他们都是在海洋机器人领域拥有长时间研究工作经历的专家，他们奉献的知识和经验成为本丛书的一个特色。

海洋机器人涉及的学科领域很宽，内容十分丰富，我国学者和工程师已经撰写了大量的著作，但是仍不能覆盖全部领域。"海洋机器人科学与技术丛书"集合了我国海洋机器人领域的有关研究团队，阐述我国在海洋机器人基础理论、工程技术和应用技术方面取得的最新研究成果，是对现有著作的系统补充。

"海洋机器人科学与技术丛书"内容主要涵盖基础理论研究、工程设计、产品开发和应用等，囊括多种类型的海洋机器人，如水面、水下、浮游以及用于深水、极地等特殊环境的各类机器人，涉及机械、液压、控制、导航、电气、动力、能源、流体动力学、声学工程、材料和部件等多学科，对于正在发展的新技术以及有关海洋机器人的伦理道德社会属性等内容也有专门阐述。

海洋是生命的摇篮、资源的宝库、风雨的温床、贸易的通道以及国防的屏障，海洋机器人是摇篮中的新生命、资源开发者、新领域开拓者、奥秘探索者和国门守卫者。为它"著书立传",让它为我们实现海洋强国梦的夙愿服务,意义重大。

本丛书全体作者奉献了他们的学识和经验,编委会成员为本丛书出版做了组织和审校工作,在此一并表示深深的谢意。

本丛书的作者承担着多项重大的科研任务和繁重的教学任务,精力和学识所限,书中难免会存在疏漏之处,敬请广大读者批评指正。

中国工程院院士　封锡盛

2018 年 6 月 28 日

丛书前言二

改革开放以来，我国海洋机器人事业发展迅速，在国家有关部门的支持下，一批标志性的平台诞生，取得了一系列具有世界级水平的科研成果，海洋机器人已经在海洋经济、海洋资源开发和利用、海洋科学研究和国家安全等方面发挥重要作用。众多科研机构和高等院校从不同层面及角度共同参与该领域，其研究成果推动了海洋机器人的健康、可持续发展。我们注意到一批相关企业正迅速成长，这意味着我国的海洋机器人产业正在形成，与此同时一批记载这些研究成果的中文著作诞生，呈现了一派繁荣景象。

在此背景下"海洋机器人科学与技术丛书"出版，共有数十分册，是目前本领域中规模最大的一套丛书。这套丛书是对现有海洋机器人著作的补充，基本覆盖海洋机器人科学、技术与应用工程的各个领域。

"海洋机器人科学与技术丛书"内容包括海洋机器人的科学原理、研究方法、系统技术、工程实践和应用技术，涵盖水面、水下、遥控、自主和混合等类型海洋机器人及由它们构成的复杂系统，反映了本领域的最新技术成果。中国科学院沈阳自动化研究所、哈尔滨工程大学、中国科学院声学研究所、中国科学院深海科学与工程研究所、浙江大学、华侨大学、东华理工大学等十余家科研机构和高等院校的教学与科研人员参加了丛书的撰写，他们理论水平高且科研经验丰富，还有一批有影响力的学者组成了编辑委员会负责书稿审校。相信丛书出版后将对本领域的教师、科研人员、工程师、管理人员、学生和爱好者有所裨益，为海洋机器人知识的传播和传承贡献一份力量。

本丛书得到 2018 年度国家出版基金的资助，丛书编辑委员会和全体作者对此表示衷心的感谢。

"海洋机器人科学与技术丛书"编辑委员会
2018 年 6 月 27 日

前　　言

　　自主机器人需要在无人干预或者少量干预的情况下完成使命。它的控制系统需要解决多方面的问题，如数据的采集与处理、运动求解、故障诊断、组合导航、环境建模、使命规划、情景评价、机器学习等。因此它需要一套完善的机制，将上述问题进行有效的包容，使信息能及时顺畅地流通，使许多功能模块能合理地在空间和时间域上发挥作用。这就是体系结构的研究内容。

　　机器人体系结构的发展历史同智能机器人本身一样久远。早在 20 世纪 60 年代，研究人员在设计开发 Shakey 的时候就意识到，即使功能相对简单的机器人也需要一个合理的软件框架以便于系统的实现。而随着机器人能力的提升，机器人的复杂性大幅增加，体系结构的设计更是成了控制系统开发过程中唯一可行和有效的起点。

　　早期的研究工作主要聚焦于系统功能的分解，体系结构的设计和控制系统的实现被紧密地结合在一起，具体表现为几乎每一台机器人都有为其量身定制的体系结构。在这个阶段，机器人的能力是设计者主要的考虑因素。首先出现的是强调规划和推理能力的慎思式体系结构，但是沉重的计算负担使得这类系统的响应速度不尽如人意。随后出现的反应式体系结构采用基于行为的极简控制方式提升了系统的动态性能，但却使机器人局限于一些不太复杂的导航和操作问题。最终，研究者采用了多种不同的方式将慎思和反应结合起来以实现优势互补，此即为混合式体系结构。

　　随着计算机硬件技术的飞速发展，对体系结构研究的侧重点逐渐从机器人的能力过渡到机器人的开发。在最近的 20 年里，先后出现了通用化体系结构和基于工具箱的体系结构。通用化体系结构专注于概括控制系统中的共性问题，它提供一个能够装入与具体应用相关的数据(结构)和算法的一般性框架，从而实现对不同使命、不同载体的适应性。基于工具箱的体系结构则通过开放数据结构、通信机制等控制系统内核，吸引用户加入开源社团并共享自己的成果，为控制系统的开发带来极大的便利。

　　本书的内容如下：第 1 章是对体系结构的概述，包括体系结构的定义、作用、评价和发展过程。然后按照体系结构的发展历程，第 2 章到第 4 章分别介绍传统体系结构阶段的慎思式、反应式和混合式体系结构。第 5 章和第 6 章分别介绍现代体系结构阶段的通用化体系结构和基于工具箱的体系结构。第 7 章采用面向对象 Petri 网从时序和逻辑的角度对体系结构进行建模和分析，并讨论使命可达性问题。

本书的研究得到了国家自然科学基金项目"水下机器人控制系统体系结构通用化研究"（项目编号：61403150）、机器人学国家重点实验室开放基金项目"趋于通用化的水下机器人控制系统体系结构研究"（项目编号：2012-O02)的支持，在此表示感谢。

由于作者知识水平与实践经验有限，书中难免存在不妥之处，恳请广大读者批评指正。

作　者
2019 年 12 月

目　　录

丛书前言一

丛书前言二

前言

1　体系结构概述 1

　1.1　体系结构的定义 2

　1.2　体系结构的作用 3

　　1.2.1　复杂性问题 3

　　1.2.2　运行机制 4

　　1.2.3　系统的开发和验证 4

　1.3　体系结构的评价标准 6

　1.4　体系结构的发展过程 7

　1.5　本章小结 9

　参考文献 9

2　慎思式体系结构 11

　2.1　慎思式体系结构的特点 11

　2.2　SPA 体系结构 12

　　2.2.1　Shakey 的体系结构 12

　　2.2.2　SPA 体系结构的分析 15

　2.3　分层式体系结构 16

　　2.3.1　NASREM 体系结构 16

　　2.3.2　情景评价体系结构 23

　　2.3.3　AUVC 体系结构 24

　2.4　集中式体系结构 25

　　2.4.1　星形结构 25

　　2.4.2　网状结构 27

　2.5　本章小结 28

　参考文献 29

3 反应式体系结构 ·· 31
  3.1 反应式体系结构的特点 ································ 31
  3.2 包容式体系结构 ·· 32
    3.2.1 包容式体系结构简介 ························· 33
    3.2.2 包容式体系结构的分析 ····················· 35
  3.3 Sea Squirt 的体系结构 ······························ 35
    3.3.1 Sea Squirt 的体系结构简介 ··············· 36
    3.3.2 Sea Squirt 的体系结构的分析 ············· 37
  3.4 倾向性系统体系结构 ·································· 38
    3.4.1 倾向性系统体系结构简介 ·················· 38
    3.4.2 倾向性系统体系结构的分析 ··············· 40
  3.5 DAMN ·· 40
    3.5.1 DAMN 中的行为 ······························· 41
    3.5.2 命令仲裁器 ···································· 42
    3.5.3 模式管理单元 ·································· 44
    3.5.4 DAMN 的分析 ·································· 44
  3.6 基于行动计划(势能场)的体系结构 ··············· 44
    3.6.1 原子行为的定义 ······························ 45
    3.6.2 行为实例的动态配置 ························· 46
    3.6.3 仲裁机制 ······································· 47
    3.6.4 基于行动计划体系结构的分析 ············· 47
  3.7 其他反应式体系结构 ·································· 48
  3.8 本章小结 ·· 48
  参考文献 ·· 49
4 混合式体系结构 ·· 51
  4.1 混合式体系结构的特点 ································ 51
  4.2 垂直结合方式 ··· 52
    4.2.1 状态配置分层控制体系结构 ··············· 53
    4.2.2 RBM 体系结构 ································· 54
    4.2.3 DCA ··· 55
    4.2.4 AuRA ·· 58
    4.2.5 SSS 体系结构 ·································· 59
    4.2.6 CLARAty ·· 60
    4.2.7 采用垂直结合方式的其他混合式体系结构 ·· 67

      4.2.8　垂直结合方式的分层 ················· 68

  4.3　水平结合方式 ························· 69

      4.3.1　ATLANTIS ························· 70

      4.3.2　PRS 体系结构 ····················· 71

      4.3.3　规划器-反应器体系结构 ············· 73

      4.3.4　采用水平结合方式的其他混合式体系结构 ····· 76

  4.4　嵌套结合方式 ························· 77

      4.4.1　任务控制体系结构 ·················· 77

      4.4.2　智能体理论体系结构 ················ 81

  4.5　体系结构分类的讨论 ··················· 83

      4.5.1　任务的分解与执行 ·················· 83

      4.5.2　规划的界定 ······················· 84

      4.5.3　体系结构的分类 ··················· 86

  4.6　本章小结 ···························· 86

  参考文献 ······························· 87

5　通用化体系结构 ··························· 90

  5.1　通用化体系结构的提出 ················· 90

      5.1.1　传统体系结构的不足 ················ 90

      5.1.2　改进的思路 ······················· 91

      5.1.3　通用化体系结构的特点 ·············· 92

  5.2　4D/RCS 体系结构 ····················· 93

      5.2.1　4D/RCS 概述 ······················ 93

      5.2.2　4D/RCS 参考模型体系结构 ··········· 95

      5.2.3　行为生成 ························· 98

      5.2.4　感知处理 ························· 100

      5.2.5　世界环境建模 ····················· 101

      5.2.6　价值判断 ························· 102

      5.2.7　4D/RCS 体系结构的讨论 ············ 103

  5.3　基于自主基元的体系结构 ··············· 104

      5.3.1　自主基元的构建 ··················· 104

      5.3.2　体系结构的构建 ··················· 109

      5.3.3　体系结构的实现 ··················· 115

  5.4　其他通用化体系结构 ··················· 121

      5.4.1　ADEPT 体系结构 ·················· 121

5.4.2 GLOC3 ································· 122
5.5 通用化体系结构中的标准化问题 ······················ 123
5.6 本章小结 ································· 126
参考文献 ··································· 127

6 基于工具箱的体系结构 ······················· 129
6.1 基于工具箱的体系结构概述 ······················ 129
6.2 MOOS 体系结构 ··························· 130
6.2.1 MOOS 的拓扑结构 ······················ 131
6.2.2 通信机制 ······························ 132
6.2.3 MOOS 的进程 ························· 135
6.2.4 IvP Helm ·························· 138
6.2.5 IvP Helm 的行为 ······················ 142
6.2.6 提供的行为 ························· 146
6.2.7 调试工具 ························· 150
6.2.8 MOOS 的应用 ······················ 151
6.3 ROS 体系结构 ··························· 152
6.3.1 计算图层 ························· 153
6.3.2 文件系统层 ························· 159
6.3.3 社区层 ··························· 160
6.3.4 名称 ··························· 160
6.3.5 客户端库 ························· 162
6.3.6 更高层的概念 ························· 163
6.3.7 ROS 的基本指令 ······················ 164
6.3.8 ROS 的应用 ························· 165
6.4 其他基于工具箱的体系结构 ······················ 165
6.4.1 JAUS ··························· 165
6.4.2 Orocos 体系结构 ······················ 168
6.5 本章小结 ································· 170
参考文献 ··································· 171

7 体系结构的建模与分析——Petri 网 ······················ 175
7.1 面向对象 Petri 网理论简介 ······················ 175
7.1.1 Petri 网 ··························· 175
7.1.2 面向对象 Petri 网 ······················ 176
7.2 基于 Petri 网的体系结构建模与分析实例 ······················ 177

　　　　7.2.1　体系结构建模 ·· 177

　　　　7.2.2　分析 ··· 184

　　7.3　使命可达性问题的研究 ·· 185

　　7.4　本章小结 ·· 189

　　参考文献 ··· 189

索引 ··· 190

彩图

1
体系结构概述

  水下机器人(unmanned underwater vehicle, UUV)是一种能在水中浮游或在海底行走、具有观察能力和使用机械手或其他工具进行水下作业的装置[1]。经过近几十年的技术积累,水下机器人的技术逐步发展成熟,目前已经在海洋开发、科学考察、军事活动等领域发挥了重要作用,并显示出不可替代的优势[2]。

  水下机器人可分为遥控水下机器人(remotely operated vehicle, ROV)、自主水下机器人(autonomous underwater vehicle, AUV①)和混合型水下机器人(hybrid vehicle, HV)。其中,HV 是 ROV 和 AUV 的结合体。ROV 能够通过脐带电缆不断地得到能源;同时,人也能够通过脐带电缆对 ROV 水下本体进行遥控,因此能源和智能不是 ROV 的制约因素。这一特点是 ROV 在不到半个世纪的时间内从诞生走向产业化的根本原因。AUV 由于没有脐带电缆的束缚,因而更加机动灵活,活动范围更广。但人和机器人之间的信息交换受到了限制,因此 AUV 的能力在很大程度上取决于其本身的智能水平[1]。所以,研究自主水下机器人的智能理论、方法和实施技术理所当然地成为该研究领域中的核心和关键。

  早期对自主水下机器人的研究主要聚焦于某些基本功能的验证。在这种情况下,整个控制系统的构成相对简单而且直观,直接对各个算法进行设计和开发并将它们简单地拼接在一起便能实现系统的功能。然而,随着自主水下机器人逐步走向实际应用,它的控制系统开始变得复杂。在没有良好规划的前提下,直接进行系统的开发不再是一个可行的技术方案。因此,系统结构的设计显得尤为重要,它是系统开发唯一可行和有效的起点。

---

  ① 在美国海军的 UUV 马斯特计划中,UUV 被定义为一个完全自主(预编程或者实时自适应使命控制)或在最小限度的监视控制之下运行的自推进潜水器,它一般不带缆绳,但光纤数据缆等数据链接除外。即该计划中的 UUV 实际上是指 AUV,其他的参考文献也存在着类似的问题。

1.1 体系结构的定义

自主水下机器人需要在无人干预或者少量干预的情况下完成使命。它的控制系统需要解决多方面的问题，如数据的采集与处理、运动求解、故障诊断、组合导航、环境建模、使命规划、情景评价、机器学习等。所有的这些问题，无论简单与复杂，最终都需要通过软件来实现。因而开发一套完整的控制系统软件，往往需要多个研究人员花费数个月甚至更长的时间来完成。对于规模如此庞大的软件，如果没有进行合理的组织，将使开发的难度大幅地提高；而且，即使完成了系统的开发并且能够满足预定的目标，在将来需要扩展升级的时候，仍将面临很多的困难。因此需要一套完善的机制，将上述问题进行有效的包容，使信息能及时顺畅地流通，使许多功能模块能合理地在空间和时间域上发挥作用。这就是水下机器人体系结构的主要研究内容[1]。

从上面的描述可以看出，这里讨论的体系结构是针对软件的，因而称之为软件体系结构或许更合适一些。但是在国内外的相关文献中，只有一小部分在体系结构前面加上"软件"以区分于硬件及其他体系结构，所以在本书中我们将沿用这一习惯。下文出现的体系结构，若无特别说明，均指软件体系结构。

此外，虽然自主水下机器人与水面机器人(unmanned/autonomous surface vehicle, USV/ASV)、陆地机器人(unmanned/autonomous ground vehicle, UGV/AGV)和空中机器人(unmanned air vehicle, UAV)因为应用场景的不同在外形、机动方式、携带的设备等方面有很大的差异，但是它们的控制系统需要解决的问题和工作机制却是相似的，即根据使命的目标和感知的信息来生成适当的响应。随着使命难度的提高，它们的控制系统均面临着复杂性问题。因此，体系结构作为降低控制系统复杂性的解决方案，在不同种类机器人之间具有较高的相互借鉴的价值。所以本书对体系结构的讨论，将不局限于自主水下机器人，而是将范围扩展到整个智能机器人领域。

对于体系结构，许多专家学者根据自己的理解提出了不同的定义：

"智能机器人的体系结构是定义一个智能机器人系统各部分之间相互关系和功能分配，确定一个智能机器人或多个智能机器人系统的信息流通关系和逻辑上的计算结构。"——蒋新松[3]

"体系结构提供了一个组织控制系统的原则性的方法。它不仅提供一个结构，还对控制问题的解决方法施加约束。"①——Mataric[4]

"机器人的体系结构是一套准则，用于约束如何通过一系列的通用软件组件模

---

① An architecture provides a principled way of organizing a control system. However, in addition to providing structure, it imposes constrains on the way the control problem can be solved.

块来设计高度具体化的专用机器人。"[①]——Arkin[5]

"机器人的体系结构确定了从感知到生成动作这一工作过程的组织方法。"[②]——Russell 等[6]

"体系结构代表了软件的结构,即机器人处理感知输入、执行认知功能和向执行器输出信号的方式,它与具体的实现方法无关。"[③]——Bekey[7]

"体系结构描述了一组结构化的组件及其交互方式。"[④]——Dean 等[8]

虽然这些定义有所不同,但它们的核心思想是一致的。简单地说,机器人的体系结构是机器人控制系统的软件框架,它定义了机器人各模块的功能及其相互关系。

1.2 体系结构的作用

一个好的体系结构应该通过施加恰到好处的约束来提高控制系统设计、开发和验证的效率[9]。因此,下面将从复杂性问题、运行机制、系统的开发和验证等方面说明体系结构的作用。

1.2.1 复杂性问题

如前面所述,在设计智能机器人的控制系统时,首先面临的是如何解决控制系统的复杂性问题。这里的复杂性包含两个层面的含义:一方面是智能机器人与外界交互的复杂性;另一方面是机器人内部各个独立模块之间交互的复杂性[9]。

模块化分解是解决复杂性问题的首要方法。即在一个给定的框架下,把整个系统分解成若干个模块以及模块之间的信息传递,每个模块对应于一个独立的功能。而功能较复杂的模块还可以进一步分解成更小的模块,所以系统分解的结果往往是层次化或者嵌套式的。就这样,通过一层层的分解,不断地降低系统的复杂性。一般采用方块和箭头分别表示模块和模块间的信息传递,因而体系结构经常以框图的形式呈现。

采用模块化分解的方法来降低系统的复杂性已经得到了广泛的共识,但是在分解的方式上,即沿着什么轴向进行分解,不同的学者采用了不同的方法。常见

---

① Robotic architecture is the discipline devoted to the design of highly specific and individual robots from a collection of common software building blocks.

② The architecture of a robot defines how the job of generating actions from percepts is organized.

③ The architecture represents the structure of the software, the way in which the robot processes sensory inputs, performs cognitive functions, and provides signals to output actuators, independently of how it was designed.

④ An architecture describes a set of architectural components and how they interact.

的三种分解分别是：沿着时间轴分解、沿着空间轴分解和按照任务/信息的抽象程度来分解。在我看来，这三种方法并不矛盾，甚至是一致的。这是因为在自上而下的分解过程中，时间跨度的不断减小总是伴随着空间跨度的减小和任务/信息精度的提高。之所以出现三种不同的分解方法只是因为不同的应用有不同的侧重点而已。例如，在侧重于机器人导航的应用中，设计者可能倾向采用基于空间分解的方法；而一个一般化的体系结构中，则可能综合考虑以上三种方法。对体系结构而言，需要做到的是提供足够的灵活性以适应各种分解方式。

1.2.2　运行机制

在完成对控制系统的模块化分解之后，需要确定各个模块在运行过程中相互之间的关系，主要包括时序调度、行为仲裁、资源管理等方面。

时序调度一般出现在慎思式体系结构中(或混合式体系结构中的慎思式单元)。在该类型体系结构中，所有的动作都是规划的结果。为了保证完成目标，任务(或行为)之间有严格的时序关系，主要体现为任务(或行为)之间的时间约束。例如：在任务 A 完成后，任务 B 才可以开始；任务 C 的启动和结束必须在任务 D 的执行期间内等。

行为仲裁是反应式体系结构(或混合式体系结构中的反应式单元)的重要组成部分。该类型的体系结构由一系列并行的行为组成，每个行为根据感知生成一个控制指令，由行为仲裁模块通过选择、叠加等方法将这些可能存在冲突的指令汇合成一个最终的行为。

资源管理主要针对一些有限的、竞争性资源的使用。例如在慎思式体系结构中，每个任务有相应的能源消耗、计算资源花费等。因此在考虑任务之间的时序之外，还必须考虑它们对资源的使用是否在允许范围内。在反应式体系结构中，执行器也是各个行为竞争的资源，对执行器这类资源的管理交由行为仲裁模块来完成。

1.2.3　系统的开发和验证

体系结构还需要服务于系统的开发和验证。

1. 系统的开发

在系统的开发过程中，不同的设计者可能选择不同的编程语言。Bohm 和 Jacopini 已经证明，任何复杂的算法都可以由顺序结构、选择结构和循环结构这三种基本控制结构组合而成[10]。因此，从计算表现力的角度来看，包含了上述三种结构的编程语言并没有什么区别，它们都可以用于系统的开发和实现。在满足机器人性能的前提下，体系结构应该尽可能地兼容不同的语言，最大限度地为开发人员提供便利。例如，机器人操作系统(robot operating system, ROS)体系结构[11]目前提供了 C++、Python、LISP 语言的客户端库，也正在开发 Java 等其他语言的客户端库。

此外，在系统的实现过程中，开发人员可能使用不同的开发工具(或者专用编程语言)来提高系统开发的效率。根据这些开发工具在系统中的应用范围，可以把它们分为两类。其中一类只针对部分功能模块，例如，Shakey 的规划模块中采用斯坦福研究所问题规划器(Stanford Research Institute Problem Solver, STRIPS)来搜索问题的解决方案[12]，理性行为模型(rational behaviour model, RBM)体系结构中的战略层使用 PROLOG 语言来实现谓词逻辑的推理[13]；另一类则适用于整个系统，从早期的实用软件体系结构(pragmatic software architecture, PRSA)[14]、开放式控制器计算机辅助设计(open robot controller computer aided design, ORCCAD)体系结构[15]等到当前应用广泛的面向使命的操作套件(mission oriented operating suite, MOOS)体系结构[16]、ROS 体系结构[11]等都是这种情况的实例。对于前一类，体系结构应该对模块的接口和模块之间的交互进行良好的定义，使各个模块的开发者能够专注于自身的工作，并且使各模块能够实现无缝拼接；对于后一类，体系结构应充分考虑各种应用场景的需求，提高自身的通用性。

2. 系统的验证

当控制系统完成开发之后，需要对它进行验证。这里的验证包括对模块和整体的测试以及理论层面的论证。

既然整个复杂的控制系统是以一种模块化的方式来进行设计和开发的，那么在测试的时候，采用先局部后整体的策略是非常自然的想法。然而，实际情况比想象的要复杂得多，因为控制系统中的大部分模块是并行的，单个模块的响应往往依赖于其他模块的行为。因此，单个模块和整体的测试一般是穿插进行的。为了防止在测试过程中损坏机器人甚至危及人员生命安全，开发一套数字或者半物理仿真平台是一种理想的选择。在测试过程中，体系结构的作用主要表现为以下几点：首先，通过设置仿真平台不同的运行模式，有针对性地测试某个模块；其次，在不影响控制系统运行的前提下，通过记录仿真过程中的数据和消息，分析结果的正确性；再次，通过可视化的数据分析工具，为分析机器人内部变量随时间的变化过程提供便利。

智能机器人控制系统中一般包含着非常多的变量，因而这些变量构成的状态空间是庞大的。单纯依靠仿真和试验难以穷尽所有的情况。理论论证提供了另外一种方法以确保系统具备某些属性，例如有界的(确保对资源的需求不超出范围)、活的(确保系统中不存在死锁)、可达的(确保可以完成使命/任务)等。基本方法是利用数学工具对系统进行建模并确认系统是否满足这些属性。在体系结构的设计过程中，可能会采用各种数学方法来描述部分模块内部的时序和逻辑，例如有限状态自动机、Petri 网等，从而为系统属性的论证提供便利。

1.3 体系结构的评价标准

对于一个特定的应用，选择或者设计一个恰当的体系结构有助于降低控制系统设计、开发和验证的难度。但什么样的体系结构才算恰当，这是一个仁者见仁、智者见智的问题。或者说，对于体系结构的研究，与其说它是一门科学，不如说它是一门艺术[9]。对体系结构的好坏做出定量的评价是十分困难的，不过，仍然有一些定性的准则得到了学者的共识。一般的，一个合理的体系结构应该做到以下几点[1, 17-20]：

(1) 规划推理能力。机器人需要在无人干预或者有限干预的情况下自主地完成使命，因而使命能否顺利完成在很大程度上取决于机器人的规划推理能力。所以，体系结构应提供一种机制来满足机器人对规划推理能力的要求。

(2) 适应动态环境能力。机器人的运行环境通常是未知而且实时变化的，体系结构必须辅助机器人实现对环境的快速反应能力。除了在正常状态下继续按部就班地执行之外，还需要针对意料之外的情形快速地对原计划进行调整。

(3) 鲁棒性。对于来自外部的干扰或者内部的故障，体系结构应该具有将这些影响降低到最小的能力。这要求体系结构具有一套完善的检测甚至预判的机制，能够保障机器人在航行和作业过程中的安全。

(4) 任务分配合理。机器人的体系结构作为一个有机的整体，必须合理地分配各个模块单元的任务，既不能使某些模块单元的负担过轻，浪费资源，也不能使某些模块单元的负担过重，从而影响这个系统的性能。

(5) 模块化。对机器人系统的研究一般都是从简单到复杂，循序渐进的。因此，向原有系统添加软件模块或者硬件设备十分常见。体系结构应该模块化，以支持系统的升级扩展。在模块化的同时，应该对模块之间的数据流进行良好的规划并保证信息能够高效地传递。

(6) 平台独立性。为了实现不同平台之间的技术转移，体系结构应该尽可能地实现平台独立性。为此，体系结构应该对硬件制造商提供的专用指令进行封装，将它们转换成更一般的通用指令以屏蔽硬件复杂性。此外，这种抽象性概括不应该停留在硬件接口层，而应该随着层次的升高递进，使技术转移可以在不同的层面得以实现。

(7) 标准化和通用化。随着机器人使命的复杂化和机器人研究单位的增多，研究单位之间的合作和交流必然越来越密切。在这个情况下，一个标准化、通用化的体系结构将有利于合作和交流。

(8)文档支持。一个体系结构需要有足够多的文档支持才能充分发挥其作用。这些文档应该包括：该体系结构的设计思想、程序员使用手册(面向机器人开发人员)、用户使用手册(面向机器人使用人员)、代码文档。最关键的一点是这些文档必须与系统保持同步更新。

进一步，我们可以将以上评价准则分为两个方面[21]。第一方面是针对机器人的能力而提出的，它包括：规划推理能力、适应动态环境能力、鲁棒性、任务分配合理。得益于计算机技术的飞速发展，以前需要 10min 才能完成的复杂算法现在所需要的运算时间甚至不到 1s，规划与反应时间的不匹配不再是一个迫使慎思与反应严格分开的强制性原因。因此，这一方面的准则已经不再是体系结构设计中的主导因素。第二方面是针对机器人的开发、维护、升级等而提出的，它包括模块化、平台独立性、标准化和通用化、文档支持。随着机器人需求的不断增长、使命的不断复杂化、研究团体的不断壮大，研究单位之间的合作和交流将越来越频繁，不同机器人之间的算法移植、技术转移等将越来越广泛。因此，这一方面的准则越来越重要。

1.4　体系结构的发展过程

体系结构的发展过程与自然界中生物的进化过程有些相似。在过去的几十年中，计算机硬件技术和软件技术快速发展，研究人员对智能的理解逐步发生变化，市场对自主水下机器人的要求和需求也不断地提高和增加。因此，在某个时期，如果某类体系结构能够适应当时的计算机技术发展状况、符合研究人员对智能的理解、满足市场的要求和需求，它便能得到学界的认同并成为当时的主流。

结合 1.3 节所讨论的体系结构的评价准则，我们倾向把体系结构的发展划分为两个主要的阶段，对应于评价准则的两个方面。第一阶段为传统体系结构阶段，从第一台智能机器人诞生到 2000 年左右。在这个阶段中，体系结构的设计主要侧重于机器人能力方面的考量。从 2000 年左右开始，体系结构的发展进入了第二阶段，称之为现代体系结构阶段。这个阶段主要聚焦于解决机器人在开发、维护和升级过程中的复杂性问题。

1. 传统体系结构阶段

传统体系结构的发展经历了从慎思式到反应式再到混合式的过程。

在人工智能发展的初期，研究者十分强调机器人的规划推理能力，将机器人的控制系统分成感知、规划、执行三个部分被认为是理所当然的[12]。因此，从第一台人工智能机器人 Shakey 诞生直到 20 世纪 80 年代中期，慎思式体系结构一直占据着统治地位。但是受到当时硬件计算能力的限制，采用慎思式体系结构的智能机器人通常存在着反应迟缓的问题。

针对上面的问题，Brooks 提出了反应式体系结构[22]。该体系结构从感知、规划、执行三元组中剔除了规划部分，使感知部分和执行部分紧密地耦合起来，从而有效地提高了机器人的响应速度。在当时被广泛接受的"响应速度即智能"的评价准则下，反应式体系结构在一段时间内被认为是比慎思式体系结构更有效的解决方案。但是，学者很快也意识到，由于缺少了全局规划的能力，反应式体系结构只能解决一些不太复杂的导航和操作问题。

到了 20 世纪 80 年代末期，Arkin 提出了将慎思和反应相结合的混合式体系结构，使系统在快速反应的同时兼具规划推理的能力[23]。至此，与机器人能力相关的问题得到了妥善的解决。到目前为止，混合式体系结构依然是被广泛认可的最有效的体系结构。

2. 现代体系结构阶段

一方面，随着集成电路技术的飞速发展，计算机的硬件水平依照摩尔定律快速提升并且不再成为机器人能力提升的瓶颈。另一方面，随着机器人使命难度的提高、需求量的增长、分工的细化和交流合作的增加，机器人在开发、维护和升级过程中的复杂性问题迫切需要解决。因此，在 2000 年左右，对体系结构研究的重点悄然发生了改变，现代体系结构应运而生。

现代体系结构并不是专门为某个特定使命或者某个载体构建的，它强调控制系统软件框架对不同应用场景、不同硬件设备的适应性，以及控制系统在开发、维护和升级过程中的便利性[24]。延续传统体系结构的呈现方式，首先出现的通用化体系结构仍然停留在方块图层面。这些体系结构最大的特点在于：它们对系统中各模块的共性进行最大限度的概括，并抽象成通用的控制节点；然后对通用控制节点进行层次化的组织来构建整个系统。此外，它们还或多或少地考虑了接口的标准化问题。

在通用化体系结构之后出现的是基于工具箱的体系结构。与之前所有体系结构不同的是，它不再是"纸上谈兵"（停留于方块图层面），而是实实在在地为控制系统的开发提供完整的开发工具和实例，例如 ROS[11]、MOOS[16]等。基于工具箱的体系结构一般由系统内核和功能包组成。其中，系统内核定义了数据结构、通信机制等内容，搭建了系统总体框架；功能包则提供了机器人运行所需的一般模块和与使命紧密相关的特定模块。大部分基于工具箱的体系结构是开源的，而且随着越来越多的用户加入开源社团并共享自己的成果，代码库的内容将越来越丰富，为控制系统软件的开发带来极大的便利。

1.5　本章小结

　　本章从 4 个方面对体系结构进行简要的概述。1.1 节介绍了体系结构的定义，它反映了多位学者对体系结构的理解及体系结构的本质。1.2 节从系统复杂性的分解、运行的机制、系统的开发和验证三个方面阐述了体系结构在控制系统开发过程中发挥的作用。1.3 节归纳了体系结构的评价标准，包含了 8 个得到广泛认可的定性准则用于评价体系结构的优劣。1.4 节回顾了从机器人诞生至今体系结构的发展过程，并归纳了各个阶段的特点。

参 考 文 献

[1]　蒋新松, 封锡盛, 王棣棠. 水下机器人[M]. 沈阳: 辽宁科学技术出版社, 2000.

[2]　Blidberg D R. The development of autonomous underwater vehicles（AUV）: a brief summary[C]. Proceedings of the IEEE International Conference on Robotics and Automation, Seoul, Korea, 2001.

[3]　蒋新松. 机器人学导论[M]. 沈阳: 辽宁科学技术出版社, 1994.

[4]　Mataric M. Behavior-based control: main properties and implications[C]. Proceedings of IEEE International Conference on Robotics and Automation, Workshop on Architectures for Intelligent Control Systems, Nice, France, 1992.

[5]　Arkin R C. Behavior-based robotics[M]. Cambridge, Massachusetts: The MIT Press, 1998.

[6]　Russell S, Norvig P. Artificial intelligence: a modern approach[M]. Upper Saddle River, N. J. : Prentice Hall, 2002.

[7]　Bekey G A. Autonomous robots: from biological inspiration to implementation and control[M]. Cambridge, Massachusetts: The MIT Press, 2005.

[8]　Dean T L, Wellman M P. Planning and control[M]. San Francisco: Morgan-Kauffman Publishers Inc., 1991.

[9]　Coste-Maniere E, Simmons R. Architecture, the backbone of robotic systems[C]. Proceedings of IEEE International Conference on Robotics and Automation, San Francisco, CA, USA, 2000: 67-72.

[10]　Bohm C, Jacopini G. Flow diagrams, turing machines and languages with only two formation rules[J]. Communications of the ACM, 1966, 9（5）: 366-371.

[11]　Powering the world's robots[EB/OL]. [2019-6-20]. https://www.ros.org.

[12]　Nilsson N J. Artificial intelligence: a new synthesis[M]. 北京: 机械工业出版社, 1999.

[13]　Healey A J, Marco D B, Oliveira P, et al. Strategic level mission control — an evaluation of CORAL and PROLOG implementations for mission control specifications[C]. Proceedings of Symposium on Autonomous Underwater Vehicle Technology, Monterey, CA, USA, 1996: 125-132.

[14]　Ganesan K, Smith S M, White K, et al. A pragmatic software architecture for UUVs[C]. Proceedings of Symposium on Autonomous Underwater Vehicle Technology, Monterey, CA, USA, 1996: 209-215.

[15]　Simon D, Coste-Manière E, Pissard R, et al. A reactive approach to underwater-vehicle control: the mixed ORCCAD/PIRAT programming of the VORTEX vehicle[C]. Proceedings of International Advanced Robotics

Program, Workshop on Subsea Mobile Robots, Monterey, California, USA, 1994.

[16] Newman P. MOOS-IvP 17.7.2 released[EB/OL].（2018-10-15）[2019-4-15]. https://oceanai.mit.edu/moos-ivp/ pmwiki/ pmwiki. php.

[17] 张禹. 远程自主潜水器体系结构的应用研究[D]. 沈阳: 中国科学院沈阳自动化研究所, 2004.

[18] Oreback A, Christensen H I. Evaluation of architectures for mobile robotics[J]. Autonomous Robots, 2003, 14（1）: 33-49.

[19] Li W F, Christensen H I, Oreback A. Architecture and its implementation for robots to navigate in unknown indoor enviroments[J]. Chinese Journal of Mechanical Engineering. 2005, 18（3）: 366-370.

[20] Bruyninckx H. Orocos: design and implementation of a robot control software framework[R]. Washington DC: Tutorial Given at IRCA, 2002.

[21] Lin C L, Feng X S, Li Y P, et al. Toward a generalized architecture for unmanned underwater vehicles[C]. Proceedings of the IEEE International Conference on Robotics and Automation, Shanghai, China, 2011: 2368-2373.

[22] Brooks R. A robust layered control system for a mobile robot[J]. IEEE Journal of Robotics and Automation, 1986, 2（1）: 14-23.

[23] Arkin R C. Integrating behavioral, perceptual, and world knowledge in reactive navigation[J]. Robotics and Autonomous Systems, 1990, 6（1-2）: 105-122.

[24] Albus J S, Huang H M, Messina E, et al. 4D/RCS: a reference model architecture for unmanned vehicle systems version 2.0, NIST Interagency/Internal Report （NISTIR）-6910[R]. Gaithersburg, MD: U.S. National Institute of Standards and Technology, 2002.

2

慎思式体系结构

慎思式体系结构是最早应用于智能机器人的体系结构。本章首先介绍慎思式体系结构的特点；然后沿着它的发展历程，先后介绍"感知-规划-执行"(sense-plan-act, SPA)体系结构以及由它"进化"得到的两个分支：分层式体系结构(hierarchical architecture)和集中式体系结构(centralized architectures)。

2.1 慎思式体系结构的特点

慎思式体系结构基于任务分解的思想根据功能的不同把系统划分成若干个模块，这些模块之间以一种可预测或者预先确定的方式进行交互。也就是说，它把一个复杂的任务分解成若干个步骤，依次执行这些步骤，使任务得以完成。如果把从环境经由感知进入机器人控制系统，再通过控制系统的输出(机器人的动作执行)反作用于环境的信息流看成一个闭合链条，那么慎思式体系结构相当于把这个链条分割成首尾相连的若干段。因此，Brooks 将这种问题分解方法称为横向分解法①[1]。

慎思式体系结构强调机器人的规划和推理能力，它极度依赖于一个精确的世界模型。该模型包含机器人在运行过程中需要知道的方方面面，是机器人进行规划和推理的基础。这个特点使慎思式机器人具有开阔的视野和深刻的洞察力。它能够从总体目标和当前状态出发，基于一系列的因果关系进行系统的评估，选择一个满足约束条件的最佳行动[2]。因此，机器人的行动是"有理有据"并且可预测的，系统的可控性和稳定性也易于验证[3]。

但是，当一个精确的世界模型得不到保证时，机器人可能无法产生一个正确

---

① Brooks 将慎思式体系结构的分解方法称为横向分解法，这是与他提出的包容式体系结构相对而言的，后者采用的是一种纵向分解的方法。不少研究者把慎思式体系结构的分解方法称为纵向分解法，这其实是针对分层式结构而言的。分层式体系结构在慎思式体系结构中占有绝对的分量，它在任务分解的过程中将系统从上到下分成了若干个层次，因此常常被认为是一种纵向分解的方法。但具体到它每一层的内部，其实都是横向分解得到的结构。

的规划。这种情况是普遍存在的，因为外界环境往往是动态变化的，而机器人的规划经常需要大量的计算。当机器人的规划速度赶不上环境的变化速度时，机器人的表现就会很糟糕。所以，一般认为慎思式体系结构更适合应用于静态环境[4]，如自动装配车间。

根据任务分解精细程度和模块之间交互方式的不同，可以把慎思式体系结构分成 SPA 体系结构、分层式体系结构和集中式体系结构，在下面的三节中，分别对它们进行介绍。

2.2 SPA 体系结构

人工智能领域早期的主导思想认为：可以将智能机器人控制系统分成感知、规划和执行三大功能模块。即系统控制的闭合链条(信息流)被分成了三段，它们的功能分别如下。

感知模块：通过传感器获取外界环境信息，根据这些信息以某种可以表达的形式建立世界模型。

规划模块：以世界模型为基础进行抽象推理和搜索得到机器人的动作序列。

执行模块：按照规划产生的动作驱动智能机器人完成使命。

仅由这三个模块串联组成的体系结构被称为 SPA 体系结构，如图 2.1 所示。它由 Nilsson[5]提出，此后 Barbara[6]、Georgeff 等[7]、Laird 等[8]和 Carbonell 等[9]学者对此做了大量研究工作。

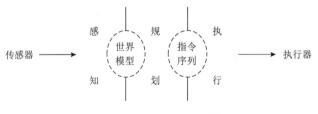

图 2.1　SPA 体系结构[5]

2.2.1 Shakey 的体系结构

最早的智能移动机器人 Shakey[10]和 Stanford Cart[11]都采用 SPA 体系结构。其中，Shakey 是斯坦福研究院的人工智能中心于 1966～1972 年①开发的世界上首台

---

① 斯坦福研究院人工智能中心先后开发了两个版本的 Shakey 机器人，分别完成于 1969 年和 1971 年。第二个版本相对于前者在硬件和程序等方面做了改进。下文我们以第二版本为准对其进行介绍。

智能机器人，它具有相对有限的感知和环境建模能力，可以执行一些简单的任务。Shakey 的传感器包括安装于头部的摄像机和光学测距仪，以及安装于底座的若干个触觉传感器。通过它的执行器可以实现头部的水平摇摆和俯仰、摄像机焦距和曝光时间的调整、机器人的原地转动和前进。这些动作的执行是由 Shakey 上的控制计算机来实施的，而数据的处理、规划、搜索等运算是由外设计算机来完成的。因此它的硬件接口模块除了定义程序与机器人传感器和执行器的接口之外，还包括控制计算机和外设计算机之间的无线电和微波通信链接及其软件。

1. 世界模型

Shakey 的控制系统采用一个谓词演算表达式的集合来描述机器人和环境的状态，这些表达式以前束条款的形式存储在索引数据结构中。模型中一共包含 5 类实体——门、墙壁、房间、物体和机器人，每个谓词演算表达式描述了某个实体正处于某个位置或者状态，因此所有表达式的集合实际上反映了机器人及其所处环境的当前状态。这种存储方式使得世界模型可以直接作为公理集合用于控制系统的规划运算。

世界模型除了谓词演算表达式集合之外，还包含机器人的动作库和行为库。动作库定义了一组低层动作(low-level action, LLA)，它们对应于机器人物理能力的程序化控制，是 LISP 语言用户程序(Shakey 的主要编程工具)可以使用的最低层次的机器人控制指令。LLA 主要是一些传感器数据采集和执行器操作指令，包括：摄像机拍照；读取测距传感器数值；机器人头部的俯仰、水平摇摆；调整摄像机的焦距、曝光时间；相机参数设置；机器人的前进、旋转。

行为库由一组行为〔原文为中层动作(intermediate-level action, ILA)〕组成。一般情况下，一个行为是由若干个 LLA 组成的预编程动作包。(某些特殊的行为还可能包含其他的行为甚至它本身，即行为可以采用嵌套甚至递归的方式定义。)在控制系统中，每个行为采用一个马尔可夫算法表格来描述。该算法表格是一个表达式序列，每个表达式由标记、谓词、LLA(或者 ILA)、控制标记组成。每当一个行为被调用，它将从上往下依次检查并找出第一个满足当前模型状态的谓词所在的表达式，执行该表达式中的 LLA(或者 ILA)，然后根据控制标记跳转到下一个表达式，如此循环直到行为执行完毕或者中途因故障退出。行为具有有限的感知、控制和纠错特征，它们刻画了机器人的某些重要物理能力，包括：路径无障碍检测、确定物体位置、机器人定位、通过门(从某个房间移动到另一个房间)、用物体堵住门、把堵住门的物体移开、推动物体(挪动一段距离或者到目标点)、行走(移动一段距离或者到目标点)、转向、接触物体等。

在机器人执行一个动作(或行为)之前,它需要确认当前状态是否满足该动作的前提条件;当机器人执行了一个动作之后,其自身和环境的状态就可能发生变化,所以世界模型也需要进行相应的改动。这些对世界模型的操作体现为谓词演算表达式的查询、添加、删除和修改。为了保证数据的一致性、规划的正确性和系统的稳定性,在一个动作完成之前,世界模型中与该动作相关的状态将被禁止访问,以该动作完成为前提的其他动作也将被暂缓执行。

2. 感知模块

感知模块用于采集外部环境的信息进而更新世界模型。Shakey 的主要传感器是摄像机,它采集的图像经过控制系统中特定程序的处理之后用于标定机器人的朝向、探测并定位环境中的物体。此外,Shakey 还包含光学测距仪和触觉传感器,用于辅助定位和碰撞检测。

3. 规划模块

Shakey 的任务规划是由 STRIPS 来完成的,它采用启发式搜索和公式演绎技术两种方法来搜索问题的解决方案。在控制系统中,任务以谓词表达式的形式发布给机器人,STRIPS 尝试找到一个行为序列来改变相应的世界模型,使得目标谓词公式为真(得到满足)。

为了完成规划,STRIPS 需要知道每个行为的效果,所以每个行为的模型包括前提条件、添加函数、删除函数三个部分。STRIPS 采用从后(目标状态)向前(当前状态)搜索的方式:首先判断目标是否已经满足,如果不满足则搜索有哪个行为可以使目标得到满足,如果未搜索到则先尝试对目标进行实例化再搜索有哪个行为可以使目标满足。当找到了符合要求的某个行为,则逐个分析该行为的前提条件,并把其中尚未满足的条件作为新的目标。如此重复下去直到新的目标就是当前状态为止。

4. 执行模块

系统采用一种被称为"宏操作"的三角形表格来表示规划模块构建的行为序列以及该序列期望的效果。执行模块负责监视"宏操作"里每个行为的执行。在行为执行的过程中,需要解决的问题包括故障检测与恢复和僵局处理。

每当某个行为在执行过程中检测到故障时,故障消息将一层层往上报直到某一层具有充分的关于世界模型和目标的知识,可以采取正确的行动。(注意,这里故障消息一层层上报是针对行为嵌套定义的情形,当内层行为无法解决故障时,将故障信息上报给外层行为。这并不意味着系统进行了分层设计。)

僵局指的是某个动作多次重复(甚至无限循环)而系统毫无进展。为了避免这种情形，系统为每个动作设计了一个计数器，当动作重复次数超过预先设定值，则强制退出。

5. 运行过程

在 Shakey 运行之前，操作者需要对其世界模型(包括机器人和环境状态、机器人的目标)进行初始化。在 Shakey 的运行过程中，各模块是依次工作的。机器人首先感知外部环境，建立全局环境图。然后"闭上眼睛"，感知模块停止工作，规划出达到目标所需的指令序列。最后，机器人开始执行第一条指令。当一条指令执行完毕(或者遇到故障退出)，机器人开始下一个"感知-规划-执行"循环：睁开眼睛，感知模块工作，机器人感知前面执行的结果，重新规划指令(尽管指令可能没有发生变化)并执行[12]。

2.2.2 SPA 体系结构的分析

SPA 体系结构的优点在于它可以利用人工智能理论生成最优的规划和策略，但是它也存在着明显的不足。一方面，它的世界模型是以一个整体的形式呈现的，里面容纳了机器人的所有知识，不仅有运行环境的状态信息，还包括与具体使命相关的操作描述。因此，它的搜索和推理需要在一个比较大的范围内进行，从而导致决策时间较长，以至于机器人在运行过程中需要停下来进行规划。这种走走停停的表现，对于水下或者空中机器人，即使在静态环境中也是不可接受的。另一方面，规划模块每次规划得到的结果都是一个十分详细的原子动作序列。这在大多数实际环境中是不合理和不必要的，因为机器人在运行过程中会收集到许多环境信息，使它对如何最好地完成给定目标的决策发生变化。所以，采用近期详细规划与远期粗略规划相结合的方式是比较理想的。

针对 SPA 体系结构的不足，研究者对它的结构进行了进一步的细分，从而在慎思式体系结构的发展道路上形成了两个分支：分层式体系结构和集中式体系结构[13]。其中，分层式体系结构是一种比较一般性的方法，它在纵向上把感知、规划和执行模块各分成若干层；集中式体系结构则针对具体的使命和使用的设备对感知、规划和执行模块进行横向和纵向的分解，并通过一个中央控制模块来负责模块之间的协调。

无论哪一个分支，它们对功能的进一步分解都会促使世界模型从一个整体分裂成几个部分，适应于不同模块中的规划需求。因此，每个模块都在各自的时间域、空间域、知识域里面进行操作，搜索和推理的范围相对较小，从而缩短规划的时间，进而改善系统对外界的响应速度。此外，在纵向上的分层使它们的规划可以在不同的时间跨度和空间精度上进行，避免了机器人过度详细规划造成的计算资源浪费，也便于机器人根据感知结果及时地调整规划。

2.3　分层式体系结构

层次化控制并不是一个新的思想，它在军队、政府职能部门、商业机构中的应用已经有几百年的历史。在 20 世纪七八十年代，层次化控制的思想被引入实时计算机控制系统，并首先在工业计算机集成制造系统中取得成功。随后，它被应用于机器人控制系统和现代武器系统[14]。

Albus 认为体系结构是任务分解的结果[15]，而在任务的分解（规划）和执行过程中需要有恰当的世界模型和感知处理与之"配套"。据此，Albus[15]、Meystel[16] 等学者提出了分层式体系结构，并进一步把该结构概括为任务分解、世界模型、感知三个相互作用的层次结构 [17]。因此，分层式体系结构相当于把 SPA 体系结构中的感知、规划和执行模块根据规划时间的长短和空间范围的大小在纵向上进行进一步的划分。它每一层的结构都近似于一个 SPA 体系结构。但与 SPA 体系结构不同的是，除了底层以外，其他的层次并不直接与环境打交道。较高层接收来自相邻下层的信息作为它的感知的输入，并将自己的规划结果发送给相邻下层，作为后者的目标。只有底层通过传感器感知环境的状态并控制执行器作用于环境。

在分层式体系结构中，下层负责短期和局部规划，它只考虑机器人短时间内运动可能到达的范围，因此它具有比较精确的世界模型和较快的反应速度。反之，上层负责机器人的长期全局策略，它有更多的时间来完成规划，精度要求也较低。Saridis 将分层式体系结构的思想归纳为：自底向上，精度随智能提高而降低[18, 19]。分层式体系结构相当于把系统控制的闭合链条分成了相互平行的若干股，它们在不同的时空尺度上和不同的精度上处理着相同的事情，而且下层是上层的局部特写。

分层式体系结构自提出以来便得到了研究者的广泛关注，它在慎思式体系结构中占据着绝对的主导位置，以至于不少研究者将它与慎思式体系结构画上了等号。其中，最具有代表性的是美国航空航天局（National Aeronautics and Space Administration, NASA）和美国国家标准局（National Bureau of Standards, NBS）提出的 NASA/NBS 标准参考模型（NASA/NBS standard reference model, NASREM）体系结构[14, 20, 21]，本书将在 2.3.1 小节中对它进行详细介绍。此外，2.3.2 小节和 2.3.3 小节将分别简要介绍情景评价体系结构[22, 23]和自主水下机器人控制器（autonomous underwear vehicle controller, AUVC）体系结构[24]。其他分层式体系结构可以查阅文献[25]～[28]，本书不对它们进行介绍。

2.3.1　NASREM 体系结构

NASREM 体系结构[14, 20, 21]最初是针对空间站遥控飞行机器人提出的，随后被进一步应用于自主水下机器人的集群控制和星球大战计划的作战管理等项目。

NASREM 定义了一个逻辑计算结构,将复杂的使命在空间和时间两个方向上进行分解,由操作在相应空间和时间域内的功能模块进行处理。

NASREM 体系结构由六层三列组成,如图 2.2 所示。六个层次从上往下依次是使命层、小组任务层、个体任务层、基本运动层、动力学层和伺服层。三列的功能从左到右分别为感知处理(G1~G6)、世界模型(M1~M6)、任务分解(H1~H6)。感知处理模块的功能包括滤波、信息融合(在空间和时间域内)、模式识别、事件检测等;世界模型模块负责状态的存储、估计、预测和评价;任务分解模块的功能是把本层的目标分解成若干子目标并交给下一层去执行。整个结构中有大量的信息需要存储和交换,这个工作的一部分是通过每个模块对全局数据库的读和写来实现的。

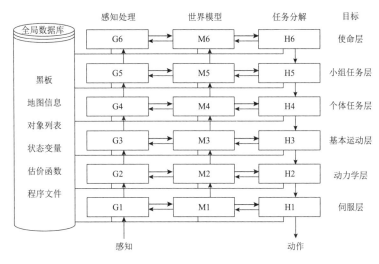

图 2.2　NASREM 体系结构[14]

NASREM 体系结构包含一系列的标准模块和接口。不同层次的 G、M、H 模块的内容虽然各不相同,但却具有类似的结构。这种设计方式不仅有利于控制系统软件的设计、开发、验证和测试,还为不同研究机构之间的技术交流和今后系统的升级提供了便利。下面介绍每个模块的组成和功能。

1. 任务分解模块(H 模块)

每个 H 模块包含:①一个任务分配管理单元(job assignment manager, JA);②一系列的规划单元(planner, PL);③一系列的执行单元(executor, EX)。H 模块利用这三类单元将本层的任务(目标)在空间和时间上分解成一系列不同的子任务(子目标),交给下一层去完成并进行实时的监控和调整。H 模块的结构如图 2.3 所示。

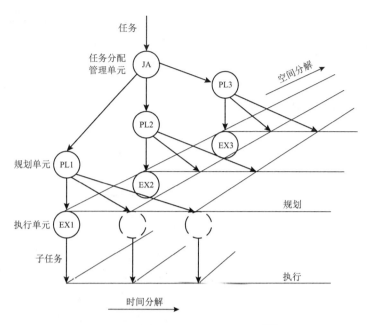

图 2.3　任务分解模块的内部结构[14]

1)任务分配管理单元

任务分配管理单元负责把任务划分成不同的物理单元或者逻辑单元的职责，再分配给其相应的规划单元/执行单元。例如，一台水下机器人把它的任务分解成自动驾驶、探测、通信三个子系统的行为，这里的三个子系统都属于物理单元；而自动驾驶子系统进一步把运动行为分解成水平面和垂直面的状态来控制，这里的水平面和垂直面控制模块就属于逻辑上独立的单元。这种把任务划分成不同物理单元或者逻辑单元的职责的分解方式被称为空间上的分解。在体系结构的高层，空间上的分解可能还涉及一些资源的分配问题。

2)规划单元

对分解得到的每一个职责，由一个规划单元对其进行时间上的分解，得到一个行动序列。一般的，规划单元会为每个职责生成多个备选的行动序列(分解方案)，由世界模型模块对这些备选行动序列可能产生的结果进行预测，进而对预测的结果进行评价。规划单元从中选出最优的方案，发送给执行单元。

3)执行单元

执行单元负责执行规划得到的行动序列。它首先把序列中的第一个行动作为子任务，输出相应的指令给下层的 H 模块；每当它检测到子任务完成事件，就选择下一个子任务发送给下层执行。在子任务执行过程中，它根据下一层的状态反馈，动态地调整输出的指令。此外，执行单元之间还需要根据各自任务的执行进度进行协调。

2. 世界模型模块（M 模块）

M 模块负责对过去和当前的系统内部状态和外部环境状态进行估计，以及对未来状态进行预测和评价。它的内部结构如图 2.4 所示。

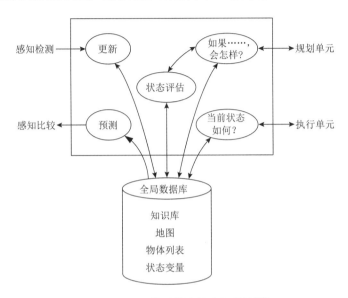

图 2.4　世界模型模块的内部结构[14]

M 模块的具体功能如下：

（1）接收来自 G 模块的状态（系统内部状态和外部环境状态）估计，更新全局数据库。

（2）根据当前状态和 H 模块执行单元的输出指令，结合模型预测下一周期的状态，为 G 模块提供预期观测数据。

（3）回复 H 模块执行单元的状态信息查询，这些信息用于执行单元的任务监控、反馈控制或者任务分支选择。

（4）根据当前状态和模型，为 H 模块规划单元生成的每一个备选行动序列模拟可能产生的结果并回复。

（5）对当前情形和（4）中模拟得到的结果进行评价。评价的指标可能是优先级、成本效益、风险评估或者其他目标函数。因此，结合 M 模块，规划单元可以对未来的可能结果进行搜索并选择最优评价的方案（行动序列）；执行单元可以在任务执行中选择最优分支。

3. 感知处理模块（G 模块）

感知处理模块负责识别模式、检测事件、在时间和空间轴向上对信息进行滤波和融合。它包含以下三个层面：

(1)比较 G 模块观测值和 M 模块预测值，生成状态的最优估计。

(2)对一段时间内获得的信息进行融合(时间上的融合)。

(3)对不同来源的感知信息进行融合(空间上的融合)。

在以上三个层面的处理过程中，G 模块采用滤波、检测、识别、测量和其他方法，把不同来源的感知信息在一定的时间跨度上进行融合，从中抽取有效的信息。这些信息用于系统内部状态和外部环境状态的更新。此外，新检测到或者识别的事件或者物体被储存于全局数据库，而不复存在的物体将从数据库中删除。在物体和时间的信息中，除了常规的属性之外，还附带它们的置信水平。

4. 全局数据库

全局数据库存储着机器人的系统内部状态和外部环境状态，包括：

(1)关于环境空间的地图。地图是一个空间索引数据库，描绘了物体和区域的相对位置。地图上还附带部分评价函数(效用、代价、风险等)用于路径规划和安全。

(2)关于物体、特征、关系、事件以及它们的属性框架的列表。物体和特征框架包含位置、速度、朝向、形状、尺寸、反射率、颜色、质量和其他感兴趣的属性等信息；关系框架描述同一层次中物体的关联关系和上下层次之间物体的包含关系；事件框架包含起止时间、持续时间、类型、代价、收益等。识别的物体和事件可能附带置信水平。

(3)状态变量。全局数据库中的状态变量是系统关于外部环境状态和 H、M、G 模块内部状态的最优估计。控制系统每个层次的模块都可以访问全局数据库中的数据。

全局数据库中的信息呈现一个金字塔结构。在不同层次，地图有不同的覆盖范围，物体框架有不同的细节和空间分辨率，事件框架有不同的时间分辨率。

5. 人机交互接口

体系结构在每一层都保留了操作接口和编程接口。

1)操作接口

操作接口为操作者提供了一种观察、监控和直接控制机器人的方式，它包含必要的转换和字符串处理来规范操作者以恰当的方式输入、验证并同步输入指令和正在执行的进程。

首先，操作接口允许操作者监视系统中的每一层。操作者可以查阅机器人的结构和配置、识别的物体和事件的列表及其参数、状态变量(位置、速度、置信水平、历史路径、规划的行动序列等)等。这些信息可以以各种图表的方式呈现，例如柱状图、历史轨迹、状态变换图等。

然后，进入到每一层的任务指令可能来自上一层的 H 模块或者操作者。因此操作者可以在任何时刻进入控制系统的某一层，终止自动控制并接管任务执行。在该体系结构中，人工控制和自动控制可以以一定的比例混合，而不必限定于其中的一种。此外，操作接口还提供仿真的功能，可以对操作者的控制指令进行预测分析。

最后，操作者还可以与 G 模块和 M 模块进行交互，将人类智能应用到上述模块中。例如，操作者可以在模式识别算法中帮助图像中的某个特征与知识库中的模型进行匹配，提高算法的准确性。

2）编程接口

编程接口允许程序员下载程序、监视系统变量、编辑数据和指令，并执行一系列的调试、测试和程序修改操作。

6. 时序和数据流

每个 H、M、G 模块可以被看作是一个状态机，它们周期性地读取输入数据，根据输入数据和内部状态计算得到相应的输出，并进入到一个新的状态。

1）时序

模块之间的时序同步要求在不同的层次是不同的。在第一层，系统需要实现毫秒级别的同步；每升高一级，时序周期大约提高一个数量级。

每个时序周期都分成两个阶段：数据更新阶段和计算阶段。在数据更新阶段，通信进程把输出缓冲区中的数据传送到全局数据库和输入缓冲区中。在计算阶段，全局数据库中的所有状态变量被锁存，每个 H、M、G 函数可以读取它们输入缓冲区或者全局数据库中的数据，并进行相应的计算。计算的结果被存放在输出缓冲区中，等待下一个周期的到来。如果某个进程在当前周期内没有完成计算，它将在下一个周期内继续计算直到完成。此时它的输出缓冲区将被设置为忙碌，其数据不会被访问，直到它的计算完成，产生了新的输出数据并且把输出缓冲区标记为空闲。

2）数据流

NASREM 体系结构中包含垂直方向和水平方向的通信。垂直方向的通信用于指令的下达和状态的反馈，水平方向的通信则用于同层模块之间的数据共享。

在垂直方向的通信中，高层的任务（目标）在空间和时间轴上被分解成子任务（子目标）序列，低层的数据通过空间和时间轴上的融合得到高层的状态或者事件。尽管指令和状态反馈沿着树形结构（任务分解树）上下流动是严格限定的，但这个结构并不是固定不动的。即上下层模块之间的从属关系是可以随着时间调整的。

每一层的 G、M、H 模块之间的数据流是水平方向的，它包括状态的查询、预测和模拟，情形的评价，任务之间的同步等，该方向的数据流远大于垂直方向。

此外，每一层各个模块的大部分输入和输出变量是全局定义并且保存在全局数据库中的，因此它们与全局数据库之间也存在着大量的通信。虽然这个通信不属于水平方向或者垂直方向，但它与水平方向的通信无论从性质还是形式上都更接近一些。

7. 分层实例

基于 NASREM 体系结构，美国新罕布什尔大学海洋系统工程实验室于 1986 年提出了一个多 AUV 体系结构[20]，用于两个水下试验载体(experimental autonomous vehicle, EAVE)之间的协调控制，其任务分解层次结构如图 2.5 所示。

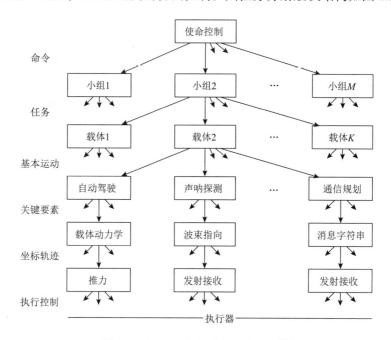

图 2.5　多 AUV 任务分解层次结构[20]

通过各个控制层中的 H 模块，顶层的使命被逐步分解成底层的执行器控制指令序列，分解的结果构成了一个任务分解树。因此，每个 H 模块代表了任务分解树中的一个节点，它接收相邻上层的任务，对它进行分解并分配给相邻下层的一系列 H 模块。(底层 H 模块的输出用于驱动电机和其他执行器。)在该体系结构中，每一层的功能如下：

第一层是坐标变换/伺服层，它将执行器的控制指令从载体坐标转换成执行器坐标，进而驱动执行器。

第二层是动力学层，它在载体坐标系或者世界坐标系下进行动力学计算。其输出是一条以位置、速度、加速度等参数来描述的平滑轨迹，使 AUV 能够高效地机动航行。

第三层是"基本运动"层，它采用符号或者几何运算将 AUV 的"基本运动"分解成一系列的动力学层指令。如图 2.5 所示，这里的"基本运动"包括自动驾驶、声呐探测和通信规划三个方面。自动驾驶将 AUV 的基本运动分解成运动轨迹上一系列的中间位置姿态期望状态，并确保其运动路径避开障碍物；声呐探测负责选择声呐的发射方式和扫描波束覆盖目标的时间；通信规划器按照规定的格式对消息进行编码，并添加冗余信息用于错误检测和关联。

第四层是个体任务层，它将单个 AUV 的任务分解成各个子系统的一系列"基本运动"，并负责子系统之间的协调、同步和冲突化解。其中，自动驾驶规划器根据世界模型地图检查并确认存在可行的路径，并通过代价、风险和收益等因素选择最优路径。通信规划器制定消息发送方案，它计算每个信息的内容、优先级、通信中断的风险、发送功率，并决定是否发送以及何时发送消息。声呐规划器分析目标特性，规划声呐扫描的模式。

第五层是小组任务层，它把一个 AUV 小组承担的任务(一组 AUV 在一组对象上的活动)分解成个体 AUV 的任务(一台 AUV 对一个对象的操作)序列。它对不同的 AUV 任务序列的代价、风险和收益等进行评估，并协调各个 AUV 的操作使整个 AUV 小组发挥最大的效用。

第六层是使命层，它将多 AUV 使命分解成每个 AUV 小组的任务序列。使命规划器根据使命的目标，计算相应的能源、时间等需求，生成一个调度方案分配给每个 AUV 小组，并设定其优先级。

2.3.2 情景评价体系结构

在 20 世纪 80 年代中期，美国新罕布什尔大学海洋系统工程实验室提出了情景评价体系结构，并在他们研制的第三代自主水下机器人 EAVE-III 上进行了大量的实验和验证工作，取得了很多重要成果[22, 23]。该体系结构是基于知识推理的多层控制结构，如图 2.6 所示。它具有两个主要功能：一是通过评估传感器数据获得有用的数据信息，建立外界环境和系统状态的世界模型；二是可以自主规划多种用于完成使命任务的控制序列。各层的具体功能如下：

(1)使命评价与使命监控层。根据符号评价使命规划和环境系统状态，负责制定使命任务并对其进行战略规划，此外还提供操作人员与自主水下机器人交互接口。

(2)情景评价与使命规划层。分析环境状况和自身状况(称为情景评价)，将情景评价结果以符号的形式表达出来，用于自主潜水器的航线规划。

(3)数据评价与使命操作层。从传感器数据中获得环境状态和系统状态，可实现简单的自主功能，例如，预编程控制、躲避障碍、基本运动控制等。

(4)传感器管理与执行器管理层。由传感器管理模块和执行器管理模块组成的实时控制系统负责传感器管理、数据处理和实时运动控制。

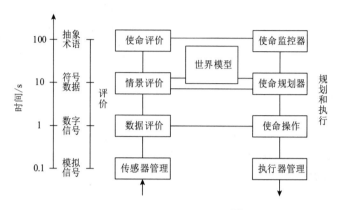

图 2.6   情景评价体系结构[23]

2.3.3   AUVC 体系结构

AUVC 体系结构由两个系统融合而成：一是基于知识的使命管理、规划指导和故障诊断系统；二是基于功能分解(自动驾驶控制器、避碰控制器、通信控制器等)的算法系统[24]。该体系结构分为规划层、控制层和诊断层，如图 2.7 所示。

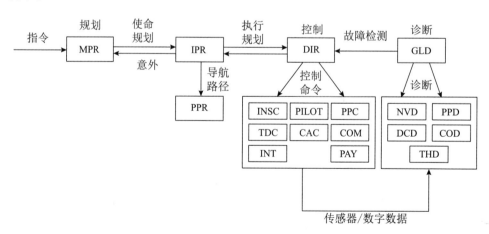

图 2.7   AUVC 体系结构[24]

基于知识系统：MPR-使命规划器；IPR-执行规划器；DIR-规划目录；GLD-全局诊断器；NVD-导航诊断器；PPD-动力驱动诊断器；DCD-方向控制诊断器；COD-通信诊断器；THD-进程诊断器

基于规则系统：PAY-载荷控制器；PPR-路径规划器；PILOT-自动驾驶；PPC-动力驱动控制器；COM-通信控制器；CAC-避碰控制器；TDC-进程检测控制器；INT-内部系统控制器；INSC-综合导航控制器

(1)规划层。由使命规划器选择预先安排的计划或根据使命目标和使命约束生成新的计划。在执行规划器的指导下，路径规划器选择一个航行路径来规避已知的障碍。

(2)控制层。从规划层获取命令，并把它们发送给算法模块，来实现对载体的控制。如果出现了超时或者超出约束范围的情况，它将触发执行规划器进行重规划。

(3)诊断层。采用五个基于规则的系统来监视载体子系统。当检测到故障时，排除故障的规划进程会被启动。由全局的诊断器协调规划进程，以处理它们的优先顺序并避免冲突。

2.4　集中式体系结构

集中式体系结构基于功能的不同把系统分解成一个中央控制模块和一系列专家模块。每个专家模块负责系统所需的某项特定功能，并自行管理与该功能相对应的局部知识。中央控制模块与每个专家模块相连，它是各专家模块之间通信的桥梁，并确保各模块之间数据的一致性。在某些体系结构中，中央控制模块还负责调度、协调和监视各专家模块的执行，确保使命能够顺利地完成。

根据专家模块之间是否存在直接的通信连接，可以进一步把集中式体系结构分成星形和网状两种结构。在星形结构中，专家模块之间的通信全部通过与中央控制模块交互间接完成。显然，中央控制模块容易因为通信容量的限制而影响系统的性能。但是采用这种结构可以使专家模块之间相对独立，从而降低系统的复杂性。而在网状结构中，部分专家模块之间存在着直接的信息传输。这样可以有效地降低中央控制模块的通信需求，但也使系统中模块之间的连接变得复杂。

2.4.1　星形结构

卡内基·梅隆大学的机器人研究所采用星形结构研发了两台陆地机器人，分别是运行于公园环境的 NAVLAB 和校园环境的 Terregator[29]。虽然这两台机器人的外形和应用场景有很大的不同，但它们的硬件和软件的各方面却十分相似。它们的控制系统体系结构如图 2.8 所示。该星形结构采用一个通信数据库作为中央控制模块与 5 个专家模块相连，分别是指挥(captain)、地图导航(map navigator)、自动驾驶(pilot)、感知(perception)和执行(helm)。

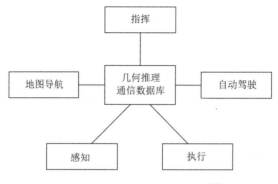

图 2.8　NAVLAB 的体系结构[29]

　　指挥模块接收和解析来自操作者的使命指令，依次把每个使命的目的地和约束发送给地图导航模块并接收使命执行的结果。

　　地图导航模块通过搜索地图数据库选择全局最佳路径，把它分解成若干个路径段，并生成路径段的描述(分布于该路径段内的物体)，发送给自动驾驶模块。

　　感知模块融合已知的路径段信息和传感器信息来探测和确认机器人视野内的物体，并根据路标来估计机器人的位置。

　　执行模块根据自动驾驶模块计算得到的局部路径规划驱动机器人运动。

　　自动驾驶模块协调感知模块和执行模块的行为，使机器人在一个路径段内连续地行驶，该模块可以进一步细分为以下 5 个子模块：

　　(1)驾驶监视器把路径段进一步分解成路径单元(路径单元是感知、规划和控制在处理局部导航问题时的基本运算单元)，生成路径单元的描述(路径单元中的物体)，并发送给其他子模块。

　　(2)路径单元探测器把路径单元的描述发送给感知模块并接收感知模块的探测结果。

　　(3)位置估计器融合惯性导航推算和路标推算两种方法的结果得到机器人位置的最优估计。

　　(4)路径单元导航器确定一条可行的通路。

　　(5)局部路径规划器在可行通路内规划一条避开障碍物的路径，并发送给执行模块。

　　系统采用一个几何推理通信数据库(communications database with geometric reasoning, CODGER)作为中央控制单元，它包含一个中央数据库(局部地图)、数据库管理器(局部地图构建器)和一个数据访问函数库(局部地图接口)。各个专家模块通过局部地图接口来存储或者访问数据。

　　这两台机器人的控制系统采用分布式硬件结构来实现，因此各专家模块可以并行地运算，模块之间的同步由中央控制单元来实现。然而，本系统中的中央控制模块并不具有任何管理和控制专家模块的功能，它实际上仅仅是一个数据库，负责储存各专家模块的最新数据并确保数据的一致性。各专家模块通过访问数据库获取其他模块的信息，据此规划下一步的操作，从而实现模块之间的协调工作。

其他星形结构的例子可以查阅文献[30]～[32]。

2.4.2 网状结构

采用网状结构的机器人包括 MARIUS[33,34]、Ocean Voyager II[35]等。其中，MARIUS 是一台工作于 600m 以内水深的进行海洋环境监视和数据采集的 AUV，其体系结构如图 2.9 所示。它的中央控制单元是一个使命管理系统，此外，它还包含 6 个专家模块。

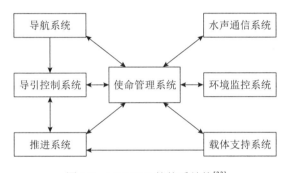

图 2.9　MARIUS 的体系结构[33]

（1）载体支持系统（vehicle support system）规划其他系统的能源分配，并监视能源的消耗。当检测到紧急情况（如密封舱漏水）时，它命令载体上浮到水面。

（2）推进系统（propulsion system）根据导引控制系统提供的控制量驱动推进器和舵机运转。它还将执行器的实际工作状态（推进器的转速、舵机的倾角、设备工作电压和电流等）反馈给导引控制系统和使命管理系统，分别用于闭环控制和载体状态管理。

（3）导航系统（navigation system）融合来自长基线定位系统、加速度计、角速度仪、罗盘、深度计、回声探测仪、桨轮等的传感器数据，提供载体位置、姿态和速度的精确估计。这些导航信息提供给导引控制系统和使命管理系统用于载体运行评估。

（4）导引控制系统（guidance and control system）接收来自使命管理系统的参考路径和导航系统的位置、姿态和速度信息，计算载体所需的控制量并发送给推进系统。它确保载体在有变化海流的环境中以及载体参数不确定的情况下能够实现鲁棒、精确的路径跟随。

（5）水声通信系统（acoustic communications system）提供一个双向的数据连

接，用于操作者与载体之间的使命信息更新和载体状态信息反馈。由于传送的消息数据量较小，较低的带宽便足以胜任，该系统的主要考虑因素是消息的可靠性。

（6）环境监控系统(environmental inspection system)包含一组用于采集环境信息的传感器，采集的信息包括导电率、温度、浑浊度、荧光度、氧含量、pH 等。此外，它还包含一个摄像机，用于采集海床的图像。该系统的运行由使命管理系统控制，采集的数据将储存于系统中，以便在试验后做进一步的分析。

使命管理系统(mission supervision system)根据操作者提供的使命规划，调度、协调和监视各专家模块的执行，使其能够有效地发挥作用从而完成使命。这不仅包括各模块之间信息流的控制，还包括对各模块异常数据的分析，从而检测故障并进行处理。

与 NAVLAB 的体系结构(见 2.4.1 小节)相比，MARIUS 体系结构的中央控制单元不仅是模块之间信息交互的媒介，还需要在使命的执行过程中主动地调度、协调和监视各专家模块，因此它发挥更加重要的作用。不过，在该结构中专家模块之间存在着信息传输的直接通路，使中央控制模块的数据储存和通信负担相对减轻。

其他网状结构的例子可以查阅文献[36]～[38]。

2.5 本章小结

慎思式体系结构把控制系统分解成感知、规划和执行三个模块，感知模块用于修改或者更新世界模型，规划模块根据世界模型和使命目标来产生动作序列，执行模块负责实施。它可以分成三个子类，分别是 SPA 体系结构、分层式体系结构和集中式体系结构。

慎思式体系结构的优点包括：①它采用传统人工智能方法根据世界模型进行规划推理，具有较强的决策能力；②系统的行动是"有理有据"并且可预测的，系统的可控性和稳定性也易于验证；③各模块的功能和关系非常清楚，有利于系统的构建和各模块的功能实现。

慎思式体系结构的规划和推理是以世界模型为基础的，模型的精确与否会对规划推理的结果产生重大的影响。因此，早期基于这种体系结构的机器人只能应用于静态环境中以保证在感知和(或)规划的处理过程中环境没有任何变化。随着硬件计算速度的提升，这个限制已经或多或少被放宽。至于慎思式体系结构能够适应何种程度的动态环境，这取决于具体应用场合中机器人的感知和规划速度与环境变化速度之间的关系。如果感知和规划的速度比环境变化的速度快得多，那么机器人应该能够有令人满意的表现；离这个条件越远，机器人的表现越差。

参 考 文 献

[1] Brooks R. A robust layered control system for a mobile robot[J]. IEEE Journal of Robotics and Automation, 1986, 2(1): 14-23.

[2] Rajan K, Py F, Barreiro J. Towards deliberative control in marine robotics[M]// Seto M L. Marine robot autonomy. New York: Springer, 2013.

[3] Valavanis K P, Gracanin D, Matijasevic M, et al. Control architectures for autonomous underwater vehicles[J]. IEEE Control Systems, 1998, 17(6): 48-64.

[4] Arkin R C. Behavior-based robotics[M]. Cambridge, Massachusetts: The MIT Press, 1998.

[5] Nilsson N J. Artificial intelligence: a new synthesis[M]. 北京: 机械工业出版社, 1999.

[6] Barbara H R. A blackboard architecture for control[J]. Artificial Intelligence, 1985, 26(3): 251-321.

[7] Georgeff M P, Lansky A L. Procedural knowledge[J]. Proceedings of the Institute of Electrical and Electronics Engineers, Special Issue on Knowledge Representation, 1986, 74(10): 1383-1398.

[8] Laird J E, Newell A, Rosenbloom P S. SOAR: an architecture for general intelligence[J]. Artificial Intelligence, 1987, 33(1): 1-64.

[9] Carbonell J, Veloso M. Integrating derivational analogy into a general problem solving architecture[C]. Proceedings of the First Workshop on Case-Based Reasoning, Tampa, Florida, 1988: 104-124.

[10] Nilsson N J. Shakey the robot, technical note 323[R]. California: SRI Artificial Intelligence Center, 1984.

[11] Moravec H P. The stanford cart and the CMU rover[J]. Proceedings of the Institute of Electrical and Electronics Engineers, 1983, 71(7): 872-884.

[12] Murphy R R. Introduction to AI robotics[M]. Cambridge, Massachusetts: The MIT Press, 2000.

[13] Ridao P, Batlle J, Amat J, et al. Recent trends in control architectures for autonomous underwater vehicles[J]. International Journal of Systems Science, 1999, 30(9): 1033-1056.

[14] Albus J S, Quintero R, Lumia R. The NASA/NBS standard reference model for telerobot control system architecture (NASREM), NIST Technical Note 1235[R]. Gaithersburg, MD: U.S. National Institute of Standards and Technology, 1989.

[15] Albus J S. Mechanisms of planning and problem solving in the brain[J]. Mathematical Biosciences, 1979, 45(3-4): 247-293.

[16] Meystel A. Nested hierarchical control[M]// Antsaklis P J, Passino K M. An introduction to intelligent and autonomous control. Massachusetts: Kluwer Academic Publishers, 1993: 129-161.

[17] Albus J S. Brains, behavior, and robotics[M]. Peterborough, New Hampshire: BYTE Books, 1981.

[18] Saridis G N. Self-organizing control of stochastic systems[M]. New York: Marcel-Dekker, 1977.

[19] Saridis G N. Intelligent robotic control[J]. IEEE Transactions on Automatic Control, 1983, 28(5): 547-557.

[20] Albus J S, Blidberg D R. A control system architecture for multiple autonomous undersea vehicles (MAUV)[C]. Proceedings of the 5th International Symposium on Unmanned Untethered Submersible Technology, Durham, New Hampshire, USA, 1987: 444-466.

[21] Albus J S. A reference model architecture for intelligent systems design, NIST Interagency/Internal Report (NISTIR) - 5502[R]. Gaithersburg, MD: U. S. National Institute of Standards and Technology, 1994.

[22] Blidberg D, Chappell S. Guidance and control architecture for the EAVE vehicle[J]. IEEE Journal of Oceanic

Engineering, 1986, 11 (4) : 449-461.

[23] Sagatun S I. A situation assessment system for the MSEL EAVE-III AUVs[C]. Proceedings of the 6th International Symposium on Unmanned Untethered Submersible Technology. Durham, New Hampshire, USA, 1989: 293-306.

[24] Barnett D, McClaran S, Nelson E, et al. Architecture of the Texas A&M autonomous underwater vehicle controller[C]. Proceedings of Symposium on Autonomous Underwater Vehicle Technology, Monterey, CA, USA, 1996: 231-237.

[25] McGann C, Py F, Rajan K, et al. A deliberative architecture for AUV control[C]. Proceedings of IEEE International Conference on Robotics and Automation, Pasadena, CA, USA, 2008: 1049-1054.

[26] Stolte T, Reschka A, Bagschik G, et al. Towards automated driving: unmanned protective vehicle for highway hard shoulder road works[C]. Proceedings of the 18th International Conference on Intelligent Transportation Systems, Las Palmas, Spain, 2015: 672-677.

[27] Antonelli G, Baizid K, Caccavale F, et al. CAVIS: a control software architecture for cooperative multi-unmanned aerial vehicle-manipulator systems[J]. IFAC Proceedings Volumes, 2014, 47 (3) : 1108-1113.

[28] Boskovic J D, Prasanth R, Mehra R K A multilayer control architecture for unmanned aerial vehicles[C]. Proceedings of the 2002 American Control Conference, Anchorage, AK, USA, 2002, 3: 1825-1830.

[29] Goto Y, Stentz A. The CMU system for mobile robot navigation[C]. Proceedings of the IEEE International Conference on Robotics and Automation, Raleigh, NC, USA, 1987: 99-105.

[30] Gueorguiev A, Allen P K, Gold E, et al. Design, architecture and control of a mobile site-modeling robot[C]. Proceedings of IEEE International Conference on Robotics and Automation, San Francisco, CA, USA, 2000: 3266-3271.

[31] Tisdale J, Ryan A, Zennaro M, et al. The software architecture of the Berkeley UAV Platform[C]. Proceedings of IEEE International Conference on Control Applications, Munich, Germany, 2006: 1420-1425.

[32] Deng Z, Ma C, Zhu M. A reconfigurable flight control system architecture for small unmanned aerial vehicles[C]. IEEE International Systems Conference, Vancouver, BC, Canada, 2012: 1-4.

[33] Oliveira P, Pascoal A, Silva V, et al. Mission control of the MARIUS autonomous underwater vehicle: system design, implementation and sea trials[J]. International Journal of Systems Science, 1998, 29 (10) : 1065-1080.

[34] Egeskov P , Bjerrum A , Pascoal A , et al. Design, construction and hydrodynamic testing of the AUV MARIUS[C]. Proceedings of IEEE Symposium on Autonomous Underwater Vehicle Technology, Cambridge, MA, USA, 1994: 199-207.

[35] Smith S M. An approach to intelligent distributed control for autonomous underwater vehicles[C]. Proceedings of IEEE Symposium on Autonomous Underwater Vehicle Technology, Cambridge, MA, USA, 1994: 105-111.

[36] Chen P C Y, Guzman J I, Ng T C, et al. Supervisory control of an unmanned land vehicle[C]. Proceedings of the IEEE Internatinal Symposium on Intelligent Control, Vancouver, BC, Canada, 2002: 580-585.

[37] Mei T, Liang H, Kong B, et al. Development of 'Intelligent Pioneer' unmanned vehicle[C]. 2012 IEEE Intelligent Vehicles Symposium, Alcala de Henares, Spain, 2012: 938-943.

[38] Kekec T, Ustundag B C, Guney M A, et al. A modular software architecture for UAVs[C]. 39th Annual Conference of the IEEE Industrial Electronics Society, Vienna, Austria, 2013: 4037-4042.

3
反应式体系结构

受到昆虫等低等生物可以对环境刺激快速做出反应的启发，Brooks[1]等学者引入生态学的思想提出了反应式体系结构。这是一种完全不同于慎思式体系结构的方法，它避免使用符号化的知识表示和复杂的规划推理，并强调感知和执行的紧密耦合，因此它对动态环境具有较快的响应速度。在早期"速度等于智能"的评价体系下，反应式体系结构的出现可以算是一个重大的突破，它在机器人无碰撞导航领域取得了许多成果。

本章首先介绍反应式体系结构的特点，包括它们的共同特征以及在这个共同特征下的一些差异。然后通过一些典型的实例来具体阐述它们的异同。

3.1 反应式体系结构的特点

反应式体系结构在纵向上把机器人的总体任务分解成若干个方面的控制问题，每个控制问题对应于一个"感知-执行"闭环，由一个特定目的的行为达成模块来实现。由于 Brooks 把每个"感知-执行"闭环称为行为[1]，因此在许多文献中，反应式体系结构也被称为基于行为的体系结构(behavior-based architecture, or behavioral architecture)。

当一个行为处于活动状态时(被激活/启用)，它根据所需的感知数据来确定该行为的触发条件是否成立。(触发条件可以是某个数据的出现或者超过设定的阈值。)一旦行为被触发，它采用为这个行为的特定目标而设计的简单算法对感知状态产生一个反应。

在反应式控制系统中，一个使命常常被划分成若干个阶段，每个阶段对应于一个活动的行为集合。集合内这些活动的行为是并行的，它们彼此独立地访问一个或者多个传感器，并对感知得到的外部刺激做出动作。不同行为所做出的动作可能存在冲突，因而需要一个仲裁机制来把所有活动行为的动作以某种方式融合在一起，构成整个机器人的总体行为。

相比慎思式体系结构，反应式体系结构强调感知和执行紧密耦合的重要性，它从感知、规划、执行三元组中剔除了规划部分，从而使机器人具有较快的响应速度。此外，没有了规划部分，世界模型也就没有存在的必要，正如 Brooks 所说"真实的环境就是它本身最好的模型"[2]。虽然在部分反应式体系结构中，每个行为可以创建和使用它自己的局部环境表示，但是系统内不存在像慎思式体系结构那样的全局世界模型。

反应式控制系统的开发一般采用一种自底向上、逐渐进化的方法。最开始，系统只包含一些最基本的与生存相关的行为。然后，高层行为按简单到复杂的顺序一个个地添加到系统中。每添加一个行为之后，都要进行充分的测试，直到机器人获得期望的能力水平。

在本章的后面几节中，我们将依次介绍几个典型的反应式体系结构：包容式体系结构[1, 2]、Sea Squirt 的体系结构[3, 4]、倾向性系统体系结构(tropism system architecture)[5, 6]、移动导航分布式体系结构(a distributed architecture for mobile navigation, DAMN)[7]、基于行动计划(势能场)的体系结构[8, 9]等。从表面上看，它们都具有反应式体系结构的典型特征。但它们在设计和实现的过程中，仍然存在着一些重要的区别，包括但不局限于以下几个方面[10, 11]：

(1)系统中的行为是如何定义和实现的？包容式体系结构采用基于规则的方法，Sea Squirt 的体系结构、DAMN 采用过程表示法，基于行动计划的体系结构采用势能场法。

(2)行为的输出是离散的还是连续的？DAMN 的输出是离散形式，基于行动计划体系结构的输出采用连续形式，其他体系结构的输出则是离散和连续形式的混合。

(3)行为之间的冲突采用什么仲裁机制来解决？包容式体系结构采用优先级的方式，Sea Squirt 的体系结构采用优先级和标记的方式，DAMN 采用投票的方式，基于行动计划的体系结构采用向量求和的方式。其中，最后一种属于协作性机制，而前面几种都属于竞争性机制。

(4)行为之间是什么样的关系？在包容式体系结构中，高层行为是在低层行为的基础上构建的；而在其他的体系结构中，行为之间则是彼此独立的。

3.2　包容式体系结构

Brooks 在 20 世纪 80 年代提出了包容式体系结构，这是第一个反应式体系结构。在该体系结构中，行为采用基于规则的方式来定义，行为之间的融合则采用基于优先级的仲裁机制[1, 2]。

3.2.1 包容式体系结构简介

Brooks 把机器人在动态环境中的物体搜寻问题分解成了八个层次，对应于八个从易到难的能力(行为)，如图 3.1 所示。低层的行为适用于各种不同环境，一般与机器人的存活能力紧密相关；而高层的行为则针对应用，它考虑更多的是机器人的智能。

图 3.1 包容式体系结构[1]

系统中的每一层都由若干个结构相似的模块构成。每个模块是一个增广有限状态机，它们之间异步运行并通过低带宽的通道连接。系统设计和实现的过程是自底向上的，即从底层开始，然后一层层地往上"加盖"。每一层都在它下面几层的基础上，通过本层的模块以及本层模块对下层模块施加的约束，实现更高级的能力。

运行时，所有的行为同时工作，它们根据传感器的信息产生相应的动作作用于执行器。为了解决不同层次之间行为的冲突，系统提供了两个机制：抑制(suppress)和禁止(inhibit)。抑制和禁止都是高层模块信号对低层模块信号的操作，它们的区别在于抑制是用高层的信号替代低层的信号，相当于是一种覆盖；而禁止用于让低层的信号失效一段时间，可以想象成是断开低层信号传输线上的开关。高层的行为通过抑制和禁止对低层的行为施加额外的约束，从而达到包容低层行为的目的。而无论信号是否被抑制或者禁止，低层的模块都照常工作。或者说，低层行为对高层行为处于一种全然无知的状态。

包容式体系结构的第 0 层到第 2 层的详细结构如图 3.2 所示。图中的字母 S 和 I 分别表示抑制和禁止，字母下的数字表示持续的时间(单位：s)。

1. 第 0 层：避碰

第 0 层确保机器人不与物体发生碰撞，它包含 5 个模块。

(1)电机模块接收并根据指令对机器人的运动进行控制。任何时刻，当它检测到停止指令时，它立刻停止机器人的运动。否则，当它接收到运动指令时，它根据指令中指定的转弯角度、角速度、前进幅度和速度控制机器人运动。它还提供一个状态用于指示机器人处于运动状态还是空闲状态。

(2)声呐模块读取声呐信号，滤掉无效的数据，并生成以机器人为中心的障碍物位置信息(声呐地图)。

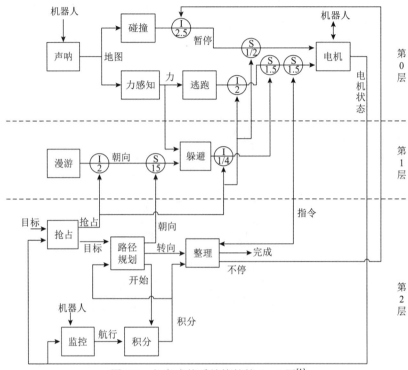

图 3.2 包容式体系结构的第 0~2 层[1]

(3)碰撞模块监视声呐地图，当它检测到有障碍物就在机器人跟前的时候，它发送一个停止指令给电机模块。

(4)力感知模块根据声呐地图，假设机器人附近的每个障碍物都对机器人产生一个排斥力，并计算这些排斥力的和。

(5)逃跑模块监控力感知模块输出的合力，当合力超出一定范围的时候向电机模块发送一个运动指令。

2. 第 1 层：漫游

第 1 层包含 2 个模块，它与第 0 层一起使机器人具有随机游走的能力。此外，它还采用一个简单的启发式规划使机器人避免潜在的碰撞。

(1)漫游模块每 10s 随机产生一个新的运动方向。

(2)躲避模块融合上一层力感知模块的计算结果和漫游模块的输出，为电机模块生成一个修正的运动方向，并抑制逃跑模块的输出。由于启发式规划的采用，机器人基本上能够朝大致正确的方向运动，却也陷入一直在躲避障碍物的状态中。

3. 第 2 层：探索

在下面两层的基础上，第 2 层使机器人具有探索的能力，即在存在障碍物的情况下将机器人引导到一个期望位置的能力。

(1) 在向电机模块发送一个停止指令的同时，抢占模块在短时间内禁止漫游、躲避、逃跑模块的输出，从而确保电机模块处于第 2 层行为的控制之下。

(2) 监控模块持续监视电机模块的状态。一旦电机处于空闲状态，它立刻读取电机编码器的数据，进而确定电机模块是完成了规定动作还是因为障碍物而停下。

(3) 积分模块对监控模块得到的数据进行累积。当路径规划器给它一个重置信号时，它将累积结果清零。

(4) 路径规划模块采用死推算的策略指引机器人向期望目标点运动。它将目标方向传递给躲避模块并抑制漫游模块的输出，同时监视积分模块输入的实际运动里程。当机器人的位置和期望值足够接近的时候，它将期望朝向传递给整理模块。

(5) 整理模块用于调整机器人的最终朝向。因为机器人具备原地转向的能力，因而它直接把输出的转向运动指令发送给电机模块，并抑制逃跑模块、禁止碰撞模块的输出。

3.2.2 包容式体系结构的分析

反应式体系结构的复杂性主要来源于两个方面：行为的复杂性和行为间交互的复杂性。对于第一个方面，复杂性与行为的数量成正比。对于第二个方面，则取决于仲裁机制。从图 3.2 可以看出，在包容式体系结构中，上层行为以抑制或者禁止的方式直接干预下层行为的内部功能，行为之间的交互随着行为数量的增加而快速增长。因此，除了底层之外的其他层的行为都无法独立地设计，更不可能做到充分的模块化。这也意味着即使是下层行为一个很小的改变，都有可能导致整个控制器的重新设计。而且，行为之间过多的交互也导致整个机器人的性能非常不稳定且难以预测。

因此，大部分的反应式体系结构都尽可能地避免行为之间的内部交互以降低系统的复杂性。它们的行为之间彼此独立地运行，仲裁机制只负责解决行为输出之间的冲突。

3.3 Sea Squirt 的体系结构

美国麻省理工学院 Sea Grant 实验室的 Bellingham 等研究人员于 1989 年开发

了一台名为 Sea Squirt 的 AUV。正如反应式控制系统的开发是一个自底向上、逐层"加盖"的过程,随着测试和实验的不断进行,Sea Squirt 的体系结构经历了从简单到复杂的演变[3, 4]。

3.3.1 Sea Squirt 的体系结构简介

以 AUV 前往某个目标区域进行目标探测然后返航的使命为研究背景,Bellingham 等[4]共开发了六个反应式行为,分别如下。

(1)躲避浅滩:避免机器人进入水深过浅的区域。

(2)躲避障碍:采用三个避碰声呐来躲避障碍物。

(3)回收:到达指定回收地点或者发生故障时,浮到水面并关闭机器人的控制系统,等待回收。

(4)航渡(到路径点):采用死推算导航方法航渡到用户指定的路径点。

(5)搜索:到达搜索区域的中心之后,投放一个应答器。然后借助应答器,采用超短基线导航方法,从中心螺旋向外进行目标搜索。

(6)返航:借助指定回收地点的应答器,采用超短基线导航方法返航。

进一步,Bellingham 等[4]把机器人的反应式行为分为两类。前面两个与载体安全相关的行为称为"生存行为",它们确保机器人在遇到危急情形的时候有一个快速的反应;后面四个相对复杂的行为称为"目标行为",它们用于实现使命某个阶段的目标。Sea Squirt 的体系结构如图 3.3 所示,优先级最高的行为位于系统的底层,而最低优先级的行为位于顶层。为了避免包容式体系结构中行为之间交互引起的复杂性问题,Sea Squirt 完全禁止行为之间的通信,行为输出之间的冲突采用基于优先级的策略来解决:高优先级行为产生的指令覆盖低优先级行为产生的指令。即严格地按照层次顺序,低层行为优先的策略。

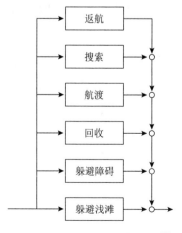

图 3.3　Sea Squirt 的体系结构[4]

3.3.2 Sea Squirt 体系结构的分析

Sea Squirt 的体系结构相对简单，但它在某些问题的处理上是值得借鉴的。

1. 感知单元的设计

在包容式体系结构中，感知单元位于行为的内部。对于不同行为需要对传感器原始数据进行相同加工的情形，这种方式是不利的。一方面，每个行为分别处理这些数据将导致重复计算；另一方面，如果由一个行为进行处理然后共享给其他行为，则会因为行为之间过多的交互而提高系统的复杂性。

为了解决这个问题，Sea Squirt 体系结构把感知单元移到行为的外部。在运行过程中，对每种类型信息的感知处理在一个期望的频率和模式下进行，所有的行为都可以使用这些感知处理得到的结果。因此，当两个或者更多行为需要使用同一个信息的时候，这些信息只要处理一次，在降低计算负担的同时避免了行为间的交互。

2. 仲裁机制

Sea Squirt 在试验过程中采用的是基于优先级的仲裁机制，即控制系统优先处理与载体安全相关的紧急问题，而不是构建一个集中的解决方案。这种仲裁机制符合人们的思维习惯，但是在某些特定的情形下却显得非常低效。例如，一个高层低优先级的行为要求载体上浮到某个深度，而低层高优先级的行为要求载体转向以免和前方的障碍物碰撞。那么只有当机器人完成转向避开障碍物之后，才会接受高层行为的控制。而实际上，高层行为本身就能解决低层的避碰需求。

针对这个问题，Bellingham 等[3]提出了一个名为"标记"的仲裁机制，并通过仿真进行了测试。在这个方法中，每个行为的输出不再是一个单纯的控制指令，而是一个标记。这个标记描述了该行为可以接受和不可接受的控制量的取值范围，分别称为(控制量取值的)目标区域和逃避区域。仲裁器最终通过选择一个控制指令来融合所有行为,该指令在不违背所有行为逃避区域约束的前提下，使控制量的取值落在尽可能多的行为的目标区域中。标记法的好处在于它是一个综合的解决方案，使机器人的总体行为能够同时满足多个行为的要求。

标记法中仍有一些问题值得进一步讨论。例如，如果在载体的当前航向和期望航向(位于目标区域内)之间存在着躲避区域，那么载体是否可以经由躲避区域转向期望航向？这个问题的回答依赖于具体的情形，标记法必须能够明确指出这种做法在什么条件下允许，而什么条件下不允许。

3. 使命配置

反应式控制系统在开发和使用过程中，单个行为的实现是相对容易的，其困难主要在于目标行为之间的调度。为了在一个反应式体系结构中指定一个复杂的使命，操作者需要明确规划在每个使命阶段由哪些行为负责机器人的控制，并确保它们在相应的使命阶段完成后能够交出控制权。这往往要求操作者对机器人的软硬件内容达到相当熟悉的程度，否则一个行为在不恰当的时候被激活很可能会产生意料之外的结果。

为了规范和简化使命配置的过程，同时使系统能够灵活地适用于不同的使命，Bellingham 等[4]在原有结构的基础上，增加了一个高层控制模块，从而使原有的体系结构从反应式变成了混合式[12]。这个部分我们将在 4.2.1 小节中介绍。

3.4 倾向性系统体系结构

倾向性系统体系结构 [5, 6]是由 Agah 和 Bekey 提出的一个混合式体系结构，主要用于多机器人的协调控制方法的研究。在其实验中，机器人必须在包含有敌对目标(掠夺者)的环境中收集尽可能多的物体。这些物体可以分为 3 类：可以由单个机器人搬运的简单物体、在被搬运之前需要先被分解的复合物体、只能通过 2 个机器人协作来搬运的沉重物体。

该体系结构侧重于学习，包括用于短期学习的增强学习算法和用于长期学习的进化算法。它期望机器人在不断地重复相同任务的过程中，能够收集更多的物体并降低能源消耗。

3.4.1 倾向性系统体系结构简介

Agah 和 Bekey 为机器人控制系统的设计制定了以下几个基本原则：

(1)机器人必须配备传感器来感知世界环境中与行为相关的因素，并能够将感知转化为动作；

(2)机器人必须能够利用局部的信息来完成全局的目标；

(3)机器人群体必须能够在不断的实践和进化过程中改进它们的表现，也就是说，它们需要具备学习的能力；

(4)机器人的动作(对特定刺激的响应)不应该被精确地预测，但机器人选择执行一个恰当动作的概率应该随着不断地学习而提高。

这些原则通过倾向性系统体系结构来实现，这里的倾向性指的是机器人的喜好(正倾向性)和厌恶(负倾向性)。倾向性系统体系结构的框图如图 3.4 所示，虚线矩形框内部分对应于机器人的控制系统，其中学习和进化两个模块属于慎思子系统，其他模块属于反应子系统。这个体系结构将机器人对世界环境的感知转换成为恰当的行动并使它能够在一个不确定的世界环境中生存和运转。

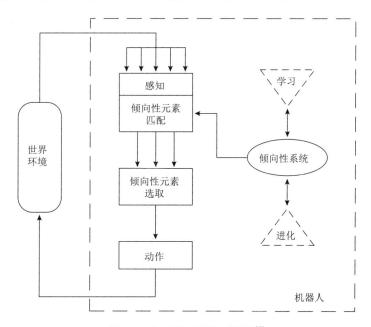

图 3.4 倾向性系统体系结构[5]

首先，机器人感知世界环境中的实体。实体可能是需要被采集的物体、另一个机器人、掠夺者或者障碍物。实体的状态也是机器人关注的内容，例如，它可能感知到一个掠夺者，该掠夺者处于活动状态。

然后，机器人根据感知的结果对倾向性系统中所有的倾向性元素进行检查。每个倾向性元素都是一个关系，对应于一个反应式规则。在每个关系中，一个实体和该实体状态对应着一个机器人的动作和该动作的倾向性取值。如果实体的集合表示为 $\{\varepsilon\}$，实体状态的集合表示为 $\{\sigma\}$，机器人动作的集合表示为 $\{\alpha\}$，倾向性取值的集合表示为 $\{\tau\}$，则倾向性元素集合可以表示为 $\{(\varepsilon, \sigma) \rightarrow (\alpha, \tau)\}$。对于所有与当前感知结果相匹配的实体和实体状态对，相应的动作及其关联的倾向性取值将被标记以备选取。

接着，机器人将从标记的动作中选择一个，采用的方法是偏置轮盘赌，如图 3.5 所示。每个潜在的动作被布置在轮盘上的某个位置，其面积大小与动作相关的倾向性取值成正比。（例如，图片中动作 1、动作 2、动作 3 的倾向性取值依次递增。）因此，具有更大倾向性取值的动作将更有可能被选择。最终，系统在偏置轮盘赌上执行一个随机选取算法，确定被选择的动作并发送给机器人执行。

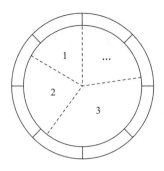

图 3.5　偏置轮盘赌[5]

3.4.2　倾向性系统体系结构的分析

倾向性系统体系结构的关键在于倾向性系统的设定，不同的设定可能使机器人按不同的方式运行。如果倾向性系统在实验过程中保持不变，则机器人将不具备适应环境变化的能力，它们对给定任务的表现也不会随着时间而改进。为此，设计者基于生物进化论的思想添加了学习和进化两个模块，分别用于倾向性取值的动态调整和倾向性元素的添加、删除和修改，使机器人在不断的实践过程中能够逐步改进自身的表现。

但无论如何，在倾向性系统体系结构中，机器人的动作是通过随机选择算法来确定的。相比其他的仲裁机制，这种方式使得系统的总体行为更加难以预测；而且，机器人更有可能在几个不同的动作之间来回摇摆。

3.5　DAMN

1995 年，Rosenblatt 提出了 DAMN，用于陆地机器人的导航[7]。DAMN 的详细结构如图 3.6 所示，它由一组分布式功能模块、一个命令仲裁器、一个模式管理单元和一个载体控制器组成(其中载体控制器负责控制指令的执行，其功能十分简单，因此下文只介绍前面的 3 个模块。)。DAMN 的特点在于它的仲裁机制。它首先将控制量的取值范围进行了离散化处理。例如，对于一台最大转向角为 30°的陆地机器人，将它的转向控制指令离散化成 7 个选项，分别是左转 30°、20°、10°，直行，右转 10°、20°、30°。然后，所有负责控制机器人运动方向的行为通过"投票"的方式表达它们对这 7 个选项(指令)的支持或者反对。最终，由仲裁器根据各个行为的"投票"并结合它们的权重把加权票数最高的指令作为机器人的控制指令。这种仲裁方法在一些文献中被称为"赢家通吃"法。

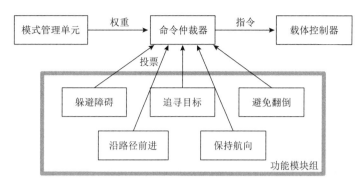

图 3.6　DAMN 的详细结构[7]

3.5.1　DAMN 中的行为

体系结构中的每个功能模块对应于一个行为，各自负责机器人的安全或者任务的一个特定方面。它们以不同的运行周期并行地工作，并基于领域知识通过规划或反应的方式对每个可选的控制指令进行投票。投票值介于+1 和−1 之间，利用数值的正负来表示对相应指令的支持或者反对，而数值的绝对幅度表示支持或反对的程度。DAMN 中典型的行为包括以下 7 种。

（1）躲避障碍。躲避障碍行为通过声呐、距离图像处理和立体视觉等方式获得当前所有障碍物的信息，并判断每一个控制指令是否恰当。这里的障碍物不仅包含地面上阻碍通行的物体，还包括地形中不可穿行的区域。如果某个路径上完全没有障碍物，那么就为该路径投赞成票；反之，如果某个路径上有障碍物，那么就对该路径投反对票，反对的程度与机器人到障碍物的距离成反比。此外，为了避免机器人在运行过程中过于接近障碍物，那些会导致机器人与障碍物擦身而过的路径也被投了弱反对票。

（2）动态性能。这个行为主要考虑机器人速度和转弯半径之间的动态约束关系，确保机器人能够在不同的地形条件下安全地运行。式(3.1)和式(3.2)分别给出了机器人在不发生侧翻和侧滑情况下所允许的最大速度：

$$v_t = \left| \frac{\pm \eta g \cos \rho + g \sin \rho}{k} \right|^{\frac{1}{2}} \tag{3.1}$$

$$v_s = \left| \frac{\mu g \cos \rho \pm g \sin \rho}{k} \right|^{\frac{1}{2}} \tag{3.2}$$

式中，v_t 和 v_s 分别为机器人在不发生侧翻和侧滑情况下所允许的最大速度；η 为重心到机器人侧面的距离与重心高度的比例；ρ 和 k 分别为机器人的侧倾角和转弯半径；μ 为机器人与地面的摩擦系数；g 为重力加速度。

（3）辅助行为。辅助行为包括直行、定向运动、维持转向等。这些行为可以使机器人保持较为平稳的运行，避免突变、摇摆等情形。

在最初的设计中，DAMN 只包含上述 3 个行为，为移动机器人系统提供最基本的能力。几个研究机构在此基础上，添加了一些与任务相关的行为，使机器人具有更高层次的能力。

（4）与行驶相关的行为。与行驶相关的行为包括沿道路行驶、穿越田野等。Pomerleau 为机器人设计了一个沿道路行驶的行为，应用于"艾尔文"号陆地机器人（autonomous land vehicle in a neural network, ALVINN）上[13]。他采用反向传播方法把低分辨率的图像输入和转向指令输出关联起来，并对这个神经网络进行了训练。

（5）遥控。DAMN 允许机器人的运行采用遥控的方式。基于增量多边形地球几何的机器人监督遥操作（supervised telerobotics using incremental polygonal earth geometry, STRIPE）遥控系统[14]提供了一个图形界面，使操作者可以直接在界面上选择路径点。当采用遥控方式时，设置的路径点相当于目标点吸引机器人朝它运动。但是需要注意的是，其他的行为（如避碰等）仍然在运行，遥控仅仅是作为一个行为参与投票而已①。

（6）与视觉相关的行为。Rosenblatt 在移动小车上安装了一对立体相机，机器人可以通过操纵相机的云台来控制相机的视野[7]。与此相关的行为包括：聚焦于障碍物区域、观察目的地区域、将视野锁定在某个区域等。

（7）路径规划。与慎思式体系结构中的规划不同的是，这里规划的结果并不是用来指导下一层的运行目标，而是直接参与机器人执行器控制的指令（投票）。路径规划行为内部包含一个局部世界模型，它把地图划分成网格，并根据地形、坡度以及其他信息来计算相邻网格之间穿行的代价[15]。然后采用从目的地到出发点的 A^* 反向搜索算法来产生一条最小代价的路径。在运行时从当前网格出发，搜索得到的路径中下一个网格的方向就是期望的朝向。在投票时，把最大值投给转向这个期望朝向的控制指令。

Rosenblatt 把以上行为分为 3 类[7]，分别是与安全相关的行为、与机器人运动相关的行为和与目标相关的行为，它们分别对应于上述列举行为中的（1）～（3）、（4）～（6）和（7）。虽然 3 类行为对应于不同层次的能力，但是它们在系统中的"话语权"却是由它们投票的权重决定的，与能力的高低无关。

3.5.2 命令仲裁器

对于陆地机器人，命令仲裁包括转弯仲裁、速度仲裁、视野仲裁等。

---

① DAMN 也允许采用纯遥控的模式。在纯遥控模式下，机器人严格按照遥控的指令运行而忽略其他行为。

1. 转弯仲裁

转弯仲裁器结合每个运动方向控制行为的权重，对其投票进行加权求和，并把总票数最高的指令作为最终的运动方向控制指令。图 3.7 以 2 个行为对 5 个转弯指令的投票为例，描述了命令仲裁器的运算过程。图中躲避障碍行为对急速左转弯和缓慢右转弯投了强反对票，对缓慢左转投了强赞成票，而对另外两个指令投了中等赞成票；追寻目标行为则对从左到右的 5 个转弯指令分别投了弱反对票、中等赞成票、强赞成票、中等反对票和强反对票。在这两个行为中，躲避障碍行为被赋予较高的权重，追寻目标行为被赋予较低权重(通过箭头的粗细来表示)。经过对这两个行为投票的加权求和，最终得票最高的缓慢左转指令称为最终的方向控制指令。

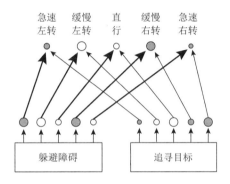

图 3.7　DAMN 的指令融合过程[7]

上面描述了 DAMN 命令仲裁器的基本工作原理。由于系统对控制指令进行了离散化处理，理想的控制量很有可能落在两个离散控制量之间，因此在机器人的运行过程中，控制指令将会在这两个离散控制量之间来回切换而引起摇摆的问题。所以在实际指令融合过程中，仲裁器进行了一些额外的处理以降低控制指令离散化带来的影响。它先将每一个投票与高斯掩码进行卷积再加权求和，实现对控制量的插值处理。然后将总和最高的点与相邻的两个插值点用抛物线进行拟合，求出抛物线顶点所对应的控制量作为输出。

2. 速度仲裁

每一个行为根据自身行为的约束计算出允许的最大速度，并把票投给该速度。仲裁器选择所有获得投票的速度中的最小值作为最终速度。

3. 视野仲裁

视野仲裁器内部有一个局部地图，并根据机器人的运动信息把每个行为的关注区域映射成关于云台的水平旋转和俯仰控制指令。然后采用类似于转弯仲裁的方法，对这些投票进行平滑插值，得到最终的控制量。

3.5.3 模式管理单元

在 DAMN 中，每个行为被赋予一个权重，反映它们在机器人控制中的相对重要性。命令仲裁器在对投票进行求和的时候需要结合每个行为的权重。这些权重可以由用户预先指定，也可以由模式管理单元在运行过程中实时地进行修改。在修改这些权重时，模式管理单元主要考虑的因素包括行为的有效性、行为与任务的相关性、可靠性以及规划的因素等。实验表明，机器人的运行对于权重的大小并不敏感。

3.5.4 DAMN 的分析

DAMN 的最大特点在于它的仲裁机制，这是一种对各行为的投票进行加权求和取最大值的方法。与基于优先级的仲裁机制相比，它可以照顾到每个行为的"意见"；对比基于标记的方法，它增加了权重值来体现行为的"话语权"。因此，这是一种较为"民主"而合理的方法。

但是，这种方法需要把控制量的取值进行离散化，容易导致机器人运行的摇摆。虽然在应用过程中采用了高斯卷积、抛物线拟合等方法来实现插值和平滑处理，但仍然无法从根本上消除这个问题。此外，这些复杂的运算步骤增加了仲裁器的计算负担。

3.6 基于行动计划（势能场）的体系结构

Arkin 在对认知科学、神经科学、心理学、机器人学等领域进行充分研究的基础上，借鉴 Arbib 等[16]建立的青蛙在复杂环境中捕食的模型，提出了基于行动计划①的移动机器人导航方法[8, 9]，作为自主机器人体系结构（autonomous robot architecture, AuRA）中反应子系统的组织原则，如图 3.8 所示。

基于行动计划的方法与其他的反应式体系结构存在着以下明显的不同。第一，原子行为采用类似于势能场的方法来表示，它的输出是具有统一形式的向量。第二，系统中仲裁采用一种向量求和的机制来实现，每个原子行为都对总体行为有不

---

① 这里的行动计划是对参考文献中 motor schema 的翻译。系统中把每个独立的原子行为称为行动计划，它实际上由感知模块（称为感知计划）和执行模块（称为行动计划）两个部分组成。但 Arkin 把感知模块看成执行模块的一部分，因此把这种方法称为基于行动计划的方法。

同程度的"贡献"。第三，系统中的原子行为是根据机器人意图、能力和环境约束动态配置的，它们之间不存在高低层次的区分，而是一种协作的关系。第四，在感知信息中引入不确定性，使原子行为可以根据信息的置信水平灵活地做出反应。

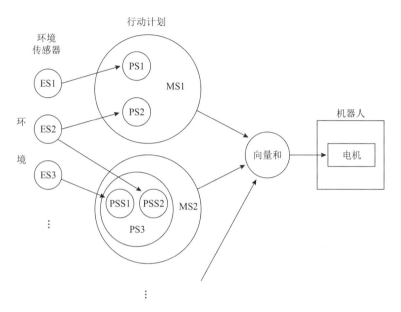

图 3.8　基于行动计划的体系结构[11]
ES-环境传感器；MS-行动计划；PS-感知模块；PSS-感知子模块

3.6.1　原子行为的定义

在基于行动计划的体系结构中，从总体行为到原子行为的分解是以生物学的研究成果作为指导原则的。每个原子行为采用一个公式来表示机器人对环境刺激的响应，它的输出是一个向量，指明了机器人运动的方向和幅度。

在每个原子行为中内嵌着一个感知模块，为其提供环境的信息。这里的感知是"面向行动"的，它只为相应原子行为提供与之相关的外界刺激。感知模块采用一种嵌套式的定义，即某个感知模块中可能包含着另一个感知模块。例如，用于检测人的感知模块包含了用于检测热信号的红外子模块、用于检测外形的计算机视觉子模块等，这些子模块的信息在经过融合处理之后才提供给行动计划。因此，每个原子行为包含了一个独立的感知到动作的闭环。这个闭环包括认知(内部世界模型的变化)、指示(选择恰当的机动行为)和动作(作用于环境并由此产生新的感知数据)，它是机器人和世界交互的核心方式。

Arkin 定义了多个不同的行动计划，包括向前运动、向目标点运动、躲避障碍、躲避投射体、逃避捕食者、待在路径上、噪声、跟随领航者、探索开阔区域、停靠、遥控等，下面是几个典型的行动计划的公式，V_m 和 V_d 分别表示输出向量的幅度和方向。

(1)向前运动：

$$V_m = 增益常量$$
$$V_d = 朝向目标方向$$
(3.3)

(2)向目标点运动：

$$V_m = 增益常量$$
$$V_d = 朝向感知目标$$
(3.4)

(3)躲避障碍：

$$V_m = \begin{cases} 0, & d>s \\ \dfrac{s-d}{s-R} \cdot G, & R<d \leqslant s \\ \infty, & d \leqslant R \end{cases}$$
(3.5)

$$V_d = 从障碍物中心到机器人的方向$$

式中，s 为障碍物的影响范围；R 为障碍物的半径；d 为机器人到障碍物中心的距离；G 为增益。

(4)待在路径上：

$$V_m = \begin{cases} P, & d>W/2 \\ \dfrac{2d}{W} \cdot G, & d \leqslant W/2 \end{cases}$$
(3.6)

$$V_d = 从机器人到路径中央的方向$$

式中，W 为路径的宽度；P 和 G 分别为机器人在路径外和路径内的增益；d 为机器人到路径中央的距离。

(5)噪声(随机运动)：

$$V_m = 增益常量$$
$$V_d = 随机值（每隔一小段变化一次）$$
(3.7)

根据以上公式可以计算出每个行动计划在整个地图上的势能场。然而在实际应用中，只需要关心机器人在当前位置的输出向量。因此，每个行动计划的反应式计算都是非常简单而快速的。

3.6.2　行为实例的动态配置

与其他反应式体系结构不同的是，该体系结构中的每个行为都可以产生多个实例，因此可能有多个输出。上面所讨论的每个原子行为都属于一般性的行为，也可以看作是一类行为的框架或者模板。在实际的应用中，需要结合机器人的意图、能力和环境约束等因素来设置它们的内部参数(实例化)，并根据需求实时地生成或者注销某个或者部分实例，这就是行为实例的动态配置。

其中，最典型的例子是躲避障碍行为。在陆地机器人 HARV 的实验过程中，障碍物感知计划(即检测模块)通过视觉图像持续搜寻潜在的障碍物。行动计划则休眠等待感知计划的消息。当一个事件发生(比如图像分割算法检测到一个与背景不同的区域，可能是潜在的障碍物)，感知计划将激活一个感知实例用于该区域的跟踪检测；与此同时，行动计划激活一个行动实例来产生响应动作。在感知实例对障碍物的置信水平超过门限之后，行动实例将产生一个斥力场，使机器人远离障碍物。反之，如果感知实例最终确定这只是一个假象而不是障碍物，那么感知实例和行动实例都将被注销。此外，与每个障碍物相对应的实例的状态也是动态变化的。当机器人已经绕过障碍物并且超出了障碍物的影响范围，那么相应的感知实例和行动实例也将被注销。

躲避障碍行为为每个障碍物生成一对感知实例和行动实例。因此当环境中有多个障碍物位于机器人附近时，它可能输出多个向量。每个感知实例不仅提供检测到的信息，还附带一个置信水平。这个置信水平除了决定行动实例是否做出响应之外，还会影响行动实例响应程度。置信水平越高，障碍物的影响范围越大，行动实例输出向量的增益也越大。

3.6.3　仲裁机制

基于行动计划的体系结构采用向量求和的仲裁机制来实现行为之间的协作，每个行为的增益决定了它们在总体行为中"贡献"程度的大小。在机器人运行过程中，这些增益可以保持不变，也可以动态调整以实现学习或者自适应的功能。向量求和得到的合向量代表总体行为，在把它发送给机器人的执行器之前一般需要对它进行标准化(即削弱它的幅度)，以确保控制指令没有超出机器人的能力范围。

3.6.4　基于行动计划体系结构的分析

基于行动计划的体系结构采用向量加权求和的仲裁机制，因此它与 DAMN 类似，能够兼顾所有行为的输出。而且，它的行为采用类似于势能场的方法输出连续的向量，避免了 DAMN 中的摇摆问题。此外，整个控制系统中的计算都十分简单。

但是在某些情形下，这种面面俱到的仲裁方法则显得过于中庸，可能产生一个毫无意义的结果。而且,它也存在着机器人容易陷入局部极值的问题。虽然 Arkin

提出了添加噪声行为、行为之间交互等方法[8]，但这些解决方案都有一定的局限性，无法适应大部分的情形。对于第一种方案，较小的噪声可能不足以使机器人摆脱局部极值，过大的噪声则可能造成系统的不稳定；对于第二种方案，参考 3.2.2 小节对包容式体系结构的分析，行为之间的交互会极大地提高系统的复杂性。

3.7 其他反应式体系结构

Hombal 等[17]利用反应式体系结构实现了一个基于模糊规则的控制系统，它包含以下几个部分：①传感器预处理模块负责采集传感器数据并进行相应的模糊化处理；②感知模块融合输入变量生成一个状态的判定作为模糊规则的条件；③各行为模块根据模糊规则生成一个行动建议以及相应的置信因子；④仲裁模块负责行为的融合和输出。当几个行为生成相同的行动建议时，仲裁模块将直接采纳；否则将对这些行为进行解模糊，并形成一个折中的方案。

García-Pérez 等[18]采用类似的方法实现了一台农用机器人的控制。与上个例子的差别在于 García-Pérez 等设计的仲裁器采用了一种基于模糊规则的行为选择机制。

Adouane 等[19]提出了一个反应式体系结构用于实现多机器人协作的物体搬运。该体系结构为每个机器人定义了 7 个基本行为。在这些基本行为的基础上，Adouane 等设计了 6 个协作行为。其中，部分协作行为由单个基本行为构成，其他协作行为则由基本行为加权求和得到。最后，仲裁器通过基于优先级的包容方式融合协作行为，得到系统的输出。

3.8 本章小结

通过本章的几个实例可以看出，反应式体系结构根据问题求解的不同方面把使命(任务)分解成若干个行为，每个行为包含一个"感知-执行"的闭环，行为之间的冲突通过某种仲裁机制来解决。通过剔除规划模块，反应式体系结构不仅摆脱了模型的束缚，也使感知和执行能够紧密地结合在一起。因此，它具有较快的响应速度，而且能够适应非结构、不确定、动态的环境。

值得注意的是，本章所选的大部分实例是以导航问题为应用背景。这并不是我们的主观故意，其背后隐含着一个重要的原因：在缺少一个世界模型的情况下，反应式体系结构无法进行有效的规划推理，"刺激-反应"这种工作机制提供的能力与低等生物的水平相当，只能解决一些不太复杂的导航和操作。下面的例子更加说明这个问题：Brooks 在设计包容式体系结构时设定了一个宏伟的目标（如图 3.1 所示），但总共八层的行为最终只有三层被成功实现，这三层正是控制系统中负责机器人导航的部分。可以说，反应式体系结构对动态环境的快速响应能力是以牺牲全局规划能力为代价的，这点一直饱受人工智能领域学者的诟病。

仲裁机制的设计是反应式体系结构开发过程中的一个难点，也是提升机器人智能的一个方向。本章通过具体实例介绍了几种典型的方法，如基于优先级、标记、随机选择、投票、向量和等，并对它们进行了一些讨论。但是我们必须认识到每种方法都有各自的优点和不足。对于任意两种仲裁机制，我们都能列举出更适合于采用其中某一种的情形。机器人可能遇到的情形太多，也许某种仲裁机制适应的情形多一些，某种少一些，但这仍然不足以评判它们之间孰优孰劣。

反应式体系结构的总体行为有些时候是难以预测的。当采用基于优先级、投票、向量和等仲裁机制时，即使系统包含相同的行为集合、受到相同的外界刺激，如果改变行为的优先级或者权重，系统的响应就有可能发生较大的变化。对于随机选择的仲裁机制，系统的行为更加难以捉摸。相比慎思式体系结构每一步的行动都经过严格推理做到"有理有据"，反应式体系结构这种充满不确定性的表现有时会让人觉得心里没底。

反应式体系结构面临的另一个共性问题是局部极值问题。在缺少全局规划的情况下，这个问题是无法避免的。常用的解决方案包括：在所有时刻都加入一个随机扰动行为[8]、在陷入局部极值以后启用特别行为（如沿着墙壁行进）[20]、建立环境地图进行规划[21]等。最后一种方法因为引入了世界模型和全局规划，已经超出了反应式体系结构的范围，属于下一章将要讨论的混合式体系结构。

参 考 文 献

[1] Brooks R. A robust layered control system for a mobile robot[J]. IEEE Journal of Robotics and Automation, 1986, 2(1): 14-23.

[2] Brooks R. Elephants don't play chess[J]. Robotics and Autonomous Systems, 1990, 6(1-2): 3-15.

[3] Bellingham J G, Consi T R, Beaton R M, et al. Keeping layered control simple[C]. Symposium on Autonomous Underwater Vehicle Technology, Washington, DC, USA, 1990: 3-8.

[4] Bellingham J G, Consi T R. State configured layered control[C]. Proceedings of the IARP 1st Workshop on: Mobile Robots for Subsea Environments, Monterey, California, USA, 1990: 75-80.

[5] Bekey G A. Autonomous robots: from biological inspiration to implementation and control[M]. Cambridge, Massachusetts: The MIT Press, 2005.

[6] Agah A, Bekey G A. Tropism-based cognition: a novel software architecture for agents in colonies[J]. Journal of Experimental & Theoretical Artificial Intelligence, 1997, 9(2-3): 393-404.

[7] Rosenblatt J K. DAMN: a distributed architecture for mobile navigation[J]. Journal of Experimental & Theoretical Artificial Intelligence, 1997, 9(2-3): 339-360.

[8] Arkin R C. Motor schema-based mobile robot navigation[J]. The International Journal of Robotics Research, 1989,

8(4): 92-112.

[9]   Arkin R C. Motor schema based navigation for a mobile robot: an approach to programming by behavior[C]. Proceedings of the IEEE Conference on Robotics and Automation, Raleigh, NC, USA, 1987: 264-271.

[10] Ridao P, Batlle J, Amat J, et al. Recent trends in control architectures for autonomous underwater vehicles[J]. International Journal of Systems Science, 1999, 30(9): 1033-1056.

[11] Arkin R C. Behavior-based robotics[M]. Cambridge, Massachusetts: The MIT Press, 1998.

[12] Bellingham J G, Consi T R. State configured layered control[C]. Proceedings of the IARP 1st Workshop on: Mobile Robots for Subsea Environments, Monterey, California, USA, 1990: 75-80.

[13] Pomerleau D A. Neural network perception for mobile robot guidance[M]. MA, USA: Kluwer Academic Pub, 1993.

[14] Kay J, Thorpe C. STRIPE: supervised telerobotics using incremental polygonal earth geometry[C]. Proceedings of International Conference on Intelligent Autonomous Systems, Pittsburgh, PA, USA, 1993: 399-406.

[15] Payton D W. Internalized plans: a representation for action resources[J]. Robotics and Autonomous Systems, 1990, 6(1-2): 89-103.

[16] Arbib M A, House D H. Depth and detours: an essay on visually guided behavior[M]//Arbib M A, Hanson A R, Alfred P S F, et al. Vision, brain, and cooperative computation. Cambridge, Massachusetts: The MIT Press, 1987: 129-163.

[17] Hombal V K, Sekmen A S, Zein-Sabatto S. A fuzzy integrated robotic behavioral architecture[C]. Proceedings of the IEEE SoutheastCon 2000, Preparing for The New Millennium, Nashville, TN, USA, 2000: 52-55.

[18] García-Pérez L, García-Alegre M C, Ribeiro A, et al. An agent of behaviour architecture for unmanned control of a farming vehicle[J]. Computers and Electronics in Agriculture, 2008, 60(1): 39-48.

[19] Adouane L, Fort-Piat N L. Hybrid behavioral control architecture for the cooperation of minimalist mobile robots[C]. Proceedings of IEEE International Conference on Robotics and Automation, New Orleans, LA, USA, 2004: 3735-3740.

[20] Borenstein J, Koren Y. Real-time obstacle avoidance for fast mobile robots[J]. IEEE Transactions on Systems Man and Cybernetics, 1989, 19(5): 1179-1187.

[21] Mataric M J. Integration of representation into goal-driven behavior-based robots[J]. IEEE Transactions on Robotics and Automation, 1992, 8(3): 304-312.

4

混合式体系结构

　　既然慎思式体系结构和反应式体系结构分别具有不同的能力、适应于不同的环境，那么一个自然而然的想法是：能否将二者结合起来以实现优势互补？于是在 20 世纪 80 年代末，混合式体系结构应运而生并成为机器人学界公认的最一般的求解结构。本章根据慎思和反应的结合方式对混合式体系结构进行分类，并介绍每个类别中一些典型的体系结构实例。

4.1　混合式体系结构的特点

　　慎思式体系结构将问题的求解分成几个步骤并分别求解，然后将每个步骤的解串联起来构成整个问题的解决方案。这种方法依赖于一个精确的世界模型，它能够针对用户意图通过搜索和推理寻求全局最优策略，但是它对动态环境的适应能力相对有限。而反应式体系结构将问题的求解分成若干个方面，每个方面都对外部刺激做出相应的动作，最后采用某种机制对这些动作进行融合得到整个系统的行为。这种方法通过感知和执行的紧密耦合，使机器人能够对变化的环境做出快速的响应。但是，对认知问题的忽视使它只能完成一些简单的任务。

　　慎思式和反应式方法可以分别解决智能机器人不同方面的复杂性问题，它们有各自的优缺点且具有互补性。如何让机器人在实现高级智能规划的同时又保留对动态环境的快速响应能力成了人工智能机器人学的新问题。为此，Firby[1]、Arkin[2]、Ferguson[3]、Gat[4]、Simmoms[5]等学者主张将上述两类体系结构结合起来，构成混合式体系结构，他们相信二者的融合可以产生一个两全其美的方法。

　　在混合式体系结构被提出之后，该领域的研究重点不再聚焦于选择慎思还是反应，而是如何将它们有效地结合。设计者曾经尝试采用在慎思和反应之间进行切换的方法，即在一个系统中同时开发慎思和反应两套方案，然后根据具体的场合来选择采用哪一套方案。最终，他们得出了一个结论：对于一个特定的应用场景，慎思和反应这两种功能都很重要[6]。所以，剩下的问题就在于，如何根据特定的应用场景来融合这两种功能。在 Lyons 等[7, 8]的基础上，我们把慎思和反应的结合方式分成 3 类：垂直结合、水平结合、嵌套结合。下面的几节将分别介绍这几种结合方式的实例。

有趣的是，混合式体系结构的思想与人的行为模式具有一定的相似性[6]。认知心理学领域的专家 Shiffrin 等[9]认为，人的行为存在着两种不同的模式：有意识的（willed）和无意识的（automatic）。Norman 等[10]在他们建立的人类行为控制模型中进一步刻画了这两类行为的工作方式。在模型中，多个无意识行为彼此独立，它们可以在不被察觉的情况下并行地工作；而有意识的行为则根据规划来调节无意识行为，并负责行为之间的协调。可见，这里的有意识和无意识行为就对应于慎思式和反应式控制；而模型中有意识行为对无意识行为的调节则与 4.2 节中介绍的垂直结合方式一致。

4.2 垂直结合方式

垂直结合方式可以概括为规划然后感知-执行（plan, sense-act），如图 4.1 所示。在这种结合方式中，慎思子系统位于体系结构的上层，它利用世界模型知识，通过搜索和推理的能力进行规划，规划的结果用于配置反应子系统的活动行为集合并确定每个行为的参数。反应子系统位于体系结构的下层，它根据配置的行为控制机器人的动作，这些行为将一直执行，直到慎思子系统生成一个新的活动行为集合，如此循环。这种结合方式与人类行为的控制模型一致，更容易被研究人员接受，因此成了混合式体系结构的主流组织形式。

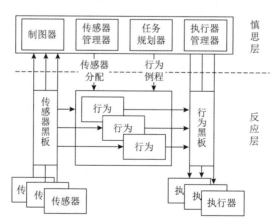

图 4.1 垂直结合方式的混合式体系结构

本节首先介绍状态配置分层控制（state configured layered control）体系结构[11]、

RBM 体系结构[12-14]、动态配置体系结构(dynamically configurable architecture, DCA)[15,16]、AuRA[6,17]、符号-包容-伺服(symbol-subsumption-servo, SSS)体系结构[18]、自主机器人双层体系结构(the coupled layer architecture for robotic autonomy, CLARAty)[19,20]。然后对其他该类型的体系结构进行简要介绍。最后对分层的考虑因素进行讨论。

4.2.1 状态配置分层控制体系结构

Bellingham 等[11]在 Sea Squirt 的体系结构(见 3.3 节)的基础上添加了一个慎思子系统，得到一个混合式体系结构，称为状态配置分层控制体系结构，如图 4.2 所示。

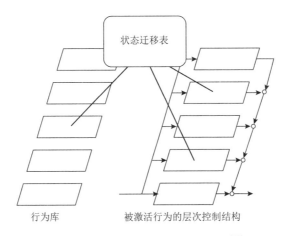

图 4.2 状态配置分层控制体系结构[11]

该体系结构中的慎思子系统采用一个状态迁移表(等价于有限状态机)来描述使命。状态迁移表中的每个状态对应于使命的某个阶段，它决定了行为库中的哪些行为将被激活、行为之间优先级的高低以及每个行为的参数设置。状态之间是否发生迁移是借助载体的一些关键变量来判断的，例如：到达路径关键点、电池电量低、探测到目标等。状态迁移表的实例(以 3.3.1 小节中的使命为例)如图 4.3 所示；状态迁移表中航渡状态所对应的反应子系统配置如图 4.4 所示。

需要说明的是，不少文献把状态配置分层控制体系结构归类到反应式体系结构[21, 22]。这主要是因为它的慎思子系统功能相对简单：既没有用到搜索、推理等相对复杂的传统人工智能算法，也没有建立世界模型，它仅仅是根据系统中一些关键的变量来判断使命的状态，进而配置反应式控制系统。但是在我们看来，这个慎思子系统能够采用基于规则的方法动态地调整反应子系统，这也可以算是一种最简单的规划。再者，从总体结构上来看，它与垂直结合方式的特点是一致的。因此，不妨把它作为混合式体系结构的一个简单实例。

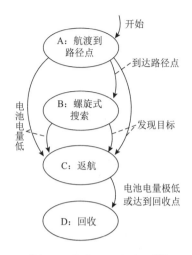

图 4.3　状态迁移表实例[11]

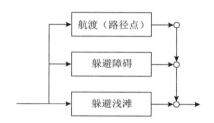

图 4.4　反应子系统在航渡状态下的配置[11]

4.2.2　RBM 体系结构

RBM 体系结构由 Healey 于 1995 年提出，在美国海军研究生院（Naval Postgraduate School，NPS）的自主潜水器 NPS Phoenix 上得到了应用和发展[12-14]。RBM 体系结构可以看成是 NASREM 体系结构和包容式体系结构的结合体，它一共分为三层——战略层、战术层和执行层，如图 4.5 所示。

1. 战略层

战略层负责管理使命决策相关的离散事件逻辑。它用一系列的谓词规则来描述使命，并采用 PROLOG 语言来实现。它的推理机在谓词规则中循环搜索，确定一个完成使命的任务序列，并用一个层次化的状态机来表示。推理机根据序列中任务的顺序向战术层发送指令来指挥载体依次完成使命的各个阶段。随着使命的进展，系统的状态不断地发生迁移。当载体发生故障时，该层将向伺服系统发送指令以启动故障处理程序。

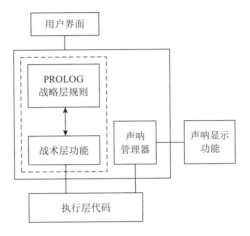

图 4.5 RBM 体系结构[13]

2. 战术层

战术层是战略层和执行层之间的接口，负责处理使命控制异步指令和载体运动控制实时计算之间的衔接。一方面，它接收来自战略层的任务，产生载体的期望行为并把行为的描述发送给执行层；另一方面，它向执行层请求数据来判断当前任务是否已经完成，即状态是否发生了迁移，把结果反馈给战略层。

3. 执行层

执行层直接管理传感器和执行器并负责载体的运动控制。它根据战术层的指令（包括期望行为和参数的目标值）来启动或停止相应的行为，开启或关闭对应的传感器和执行器，以及选择合适的控制算法。行为之间的冲突采用包容的方式来解决。在最初的设计中，执行层共包含 6 个行为：①前进速度控制；②转向控制；③深度控制；④路径点跟随；⑤定高控制；⑥躲避障碍。其中，行为④、⑥包容①、②、③，行为⑤包容③。在后续的研究过程中，设计者又开发了侧向运动控制、定位控制、声呐控制等多个行为。

4.2.3　DCA

DCA 是 J. Sousa 等提出的一个混合式体系结构，它先后应用于 MARIUS AUV[15]和 ROBUTER AGV[16]。DCA 由三层组成——负责慎思规划的组织层、用于规划执行的协调层和实现反应式控制的功能层，它动态地配置功能层模块的连接以确保规划的任务能够顺利地执行。DCA 的详细结构如图 4.6 所示。

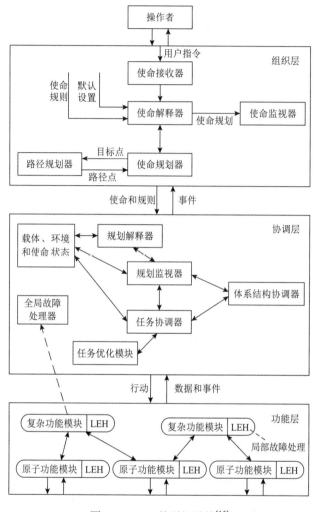

图 4.6　DCA 的详细结构[15]

1. 组织层

组织层根据使命的要求创建一个规划并监视规划的执行。该层主要模块的功能如下：

（1）使命接收器用于接收和描述操作者指定的机器人使命；使命解释器则储存由设计者设定的使命执行过程中需要遵守的一系列规则。其中，前者强调实际的应用场景，后者则聚焦于机器人平台。

（2）使命规划器根据接收器中的输入使命和解释器中的约束规则生成一个使命规划。路径规划器为使命规划器提供路径规划，这个路径将在协调层中进行进一步的扩展以产生符合载体动力学特性的可行路径。

(3)使命监视器负责验证使命执行的先决条件，并且管理操作者与 AUV 之间的交互。操作者可以通过一个低带宽的通信信道来监控使命的执行或者修改使命规划，也可以直接遥控 AUV。

2. 协调层

协调层负责协调动作的执行以完成使命目标。它根据世界模型和载体的物理和逻辑状态来调整规划，并且通过动态设置功能层的传感器-执行器连接来实现规划的执行。此外，它还通过全局故障处理器和冗余管理机制来实现容错控制。本层主要模块的说明如下：

(1)载体、环境和使命状态模块负责维护载体的物理和逻辑状态以及世界模型。规划解释器类似于一个动态的编译器，它负责解释组织层的使命规划，根据载体和环境的状态产生一个详细的规划发送给监视器。

(2)规划监视器全局地管理任务的执行。它调度规划中的任务，在经过协调和优化之后把它们发送给功能层相应的模块去执行。规划监视器还负责监视任务的执行来确保任务产生期望的效果，并且在不符合预期的时候做出调整。

(3)任务优化模块在当前可用传感器-执行器连接中选择最佳配置方案，进而把任务转换成一系列原子动作的执行。方案的选择是根据载体和环境的条件来确定的，不同的方案对应于不同功能的调用，功能中一般带有参数，可以在执行的时候进行设定。

(4)系统的行为由原子功能模块(直接负责传感器或执行器的模块)的连接产生。体系结构协调器通过功能层模块之间连接的动态配置来管理反应式行为。当前的配置方案受使命规划的影响由任务优化模块确定。随着使命的进展，系统将采用不同的配置使机器人在保持操作一致性的前提下动态地适应当前的环境条件。体系结构协调器还负责管理系统的冗余，通过动态地修改连接把一个故障模块替换成一个功能相当的模块来修复故障。

(5)全局故障处理器位于故障检测和恢复子系统中的顶层。当功能层中的模块无法处理自身的错误情形或者系统需要一个全局的评估来确定需要执行的操作时，该模块将被激活。它对故障进行诊断，借助载体信息和可用的配置方案由体系结构协调器利用系统的冗余来修复故障。

3. 功能层

功能层包含一系列的功能模块，它们分为原子功能模块和复杂功能模块。每个模块都附带一个局部故障处理器。

(1)原子功能模块负责传感器或执行器的接口和直接控制。系统的反应式行为来自这些模块的连接。在使命的执行过程中，协调层控制这些模块的动态配置，从而指定当前系统内的活动行为。

(2)复杂功能模块由部分原子功能模块连接构成,因此复杂功能模块的调用依赖于原子功能模块之间的连接配置。设计复杂功能模块的目的在于提高系统的模块化和可扩展性,简化组织结构。

4.2.4 AuRA

Arkin[6]是较早提倡采用混合式体系结构的研究者之一,他提出的 AuRA 包含两个部分:一部分是 3.6 节介绍的基于行动计划的反应式控制器,另一部分是基于传统人工智能技术的慎思式层次规划器[6, 17]。

AuRA 的结构如图 4.7 所示。它的慎思子系统包括使命规划单元、空间推理单元和规划执行单元。使命规划单元负责建立机器人高层次的目标和约束条件;空间推理单元采用长期存储器中的全局地图信息来规划机器人的运行路径(首尾相接的折线序列);规划执行单元把运动路径中的每一小段转换成某些原子行为的集合,交给反应子系统执行。

在反应子系统中,行为管理器负责控制和监视行为的进展。原子行为之间彼此独立且并行地运行,它们各自包含着一个感知计划,为其提供必需的外界刺激,并根据刺激采用类似于向量场的方法产生一个向量。行为仲裁器采用向量求和的机制将每个原子行为的输出融合成一个总体行为,用于控制机器人的执行。

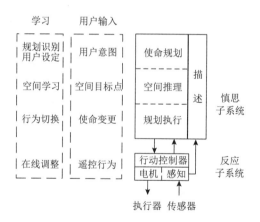

图 4.7 AuRA 的结构[6]

反应子系统在行为管理器的管理下运行,尝试满足导航的要求。当机器人在允许的偏差范围内正常行进时,慎思子系统中的地图创建模块根据感知数据创建一个世界模型,其他模块处于休眠状态。反之,当机器人因为陷入局部极值而静止或者长时间在某个小区域内徘徊,或者未知障碍物的出现导致实际路径与初始规划路径的偏差过大的时候,慎思规划部分将从下往上逐级被唤醒,直到问题得到解决。首先，规划执行单元利用短期存储器中的信息对原子行为集合进行调整，例如原子行为的增删、增益的调整等，尝试对机器人的运行路径进行局部修正。如果无法达到满意的效果，空间推理单元将被唤醒并重新规划一个新的全局路径，使机器人绕过问题区域。如果依然无法解决问题，使命规划器将被唤醒，向操作者汇报问题、请求协助或者放弃整个使命。

在 AuRA 中，不同的自适应和学习算法可以方便地引入系统中。这些算法包括应用于反应子系统的原子行为参数的在线自调整、应用于规划执行单元的基于情景识别的行为切换算法、应用于空间推理单元的空间学习算法等。

此外，AuRA 在不同的层次上预留了人机交互接口，通过这些接口可以向反应子系统输入期望的遥控行为、向规划执行单元发送使命变更信息、向空间推理单元设定空间目标点、对使命规划器表达用户意图等。

4.2.5　SSS 体系结构

Connell 认为，传统人工智能规划算法、包容式方法和伺服控制有各自的优势和不足。采用单一的方法虽然能解决问题，但是将这三者融合可以得到一个更理想的解决方案。由此，他提出了 SSS 体系结构[18]。如图 4.8 所示，这是一个三层结构，SSS 这个名字来源于每一层首字母的组合：符号层(symbolic layer，也称策略层)、包容层(subsumption layer，也称行为层)、伺服控制层(servo-control layer，也称伺服层)。

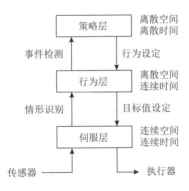

图 4.8　SSS 体系结构[18]

Connell 进一步把这三层的本质区别归纳为它们对空间和时间的量化方式和处理策略的不同。伺服层不断地监视世界环境的状态，并采用一组标量来进行描述；行为层把世界环境状态离散化成一些特定的与具体任务相关的类别；策略层在行为层的基础上进一步在时间轴上进行离散化得到一些重要的事件。即三层分别工作于连续空间连续时间、离散空间连续时间、离散空间离散时间的环境中。

为了充分利用这三种方法，使它们可以有效地协作，对它们的接口进行有效的设计是十分关键的。在行为层和伺服层之间，下行接口(行为层对伺服层的控制)是通过调整伺服控制的目标值来实现的，而上行接口(伺服层给行为层的感知信号)则是采用情形识别的方法来实现。(对行为层而言，伺服层某些不同的状态其实是等价的，因为它们会触发相同的反射行为。所以系统根据一些重要的特征来区分相关的情形，即对空间进行离散化。实现这个功能的模块被称为情形匹配滤波器，或者情形识别器。)在策略层和行为层之间，下行接口用于选择活动的行为和设置行为的参数，而上行接口则用于事件的检测。(一个策略层的事件对应着若干个行为层的情形，当某个事件对应的全部情形都成立时，表示该事件发生。)

SSS 体系结构被应用于一台名为 TJ 的 AGV，它的目标是在一个动态的办公环境中从某个办公室自主导航到另一个办公室。策略层根据一个非常粗略的环境地图来规划机器人的运动路径，这个地图只记录每个路段的方向和长度。为了实现这个路径的导航，策略层激活当前路段中需要用到的行为，并设置这些行为的参数。在行为的执行过程中，策略层并不需要持续地干预，它只在特定事件发生时重新配置行为层的行为，这是通过列联表来实现的。列联表将每一个事件与它的应对策略关联起来，系统连续地检查各个情形识别器，当判定某个事件发生时，就根据列联表中对应的策略对行为层进行相应的调整。

行为层负责每个路径段的运行，它采用类似于包容式体系结构的方法来应对环境的变化，如办公室门的开闭、人和物体的出现或消失等。行为层中包含沿着墙行进、(接近目标点时)减速、避碰等行为，这些行为根据里程仪、声呐、红外等传感器的数据来确定它们的输出，最终高优先级的行为包容低优先级行为，得到执行器的目标运动，交由伺服层来执行。

4.2.6　CLARAty

CLARAty 是由 Volpe 等[19, 20]提出的一个混合式体系结构，它旨在为 NASA 的机器人研究项目提供一个自主机器人软件系统的初始框架。CLARAty 包含两个层次——决策层和功能层，它们分别从慎思和反应的角度描述了系统的绝大部分功能。在实际应用过程中，用户可以自主决定在决策层还是在功能层实现哪些功能。

1. 总体结构

在传统混合式体系结构中，反应子系统负责时间较短、空间范围较小的行为/动作的执行，慎思子系统负责时间较长、空间范围较大的使命/任务的规划。它们各自在不同的粒度(时空范围)层次实现了系统的部分功能，毫无交叠。纵观整个系统，粒度的增长与智能水平的提高在概念上是等价的。传统混合式体系结构的示意图如图 4.9 所示。

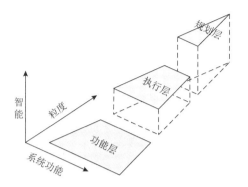

图 4.9 传统混合式体系结构(见书后彩图)

Volpe 等[19,20]不赞成这样的设计思路。在他们看来,传统的混合式体系结构存在着以下几个可以改进的地方。第一,慎思和反应子系统都可以采用不同粒度的组件来构建自己的层次结构。例如,功能层由许多个嵌套的组件构成,执行层有多个逻辑树来协调它们,而规划层则能够生成不同时长和精度的规划。因此,在系统功能方面,不同的层次之间可能存在着比较大的重叠。第二,执行层的存在使得规划层的模型无法直接从功能层推导出来,重复的信息存储常常导致两者之间的不一致。第三,不同的使命(或任务)具有不同的重要性,它们所需的规划时长和分解的精细程度也不同,这使它们对分解过程中的某些步骤应该交由规划还是执行来完成具有不同的偏好。因此,将规划和执行紧密结合起来可以提高表示的灵活性和系统的响应能力。

基于以上原因,Volpe 等[19,20]对传统的三层体系结构进行了修改,形成了一个新的两层设计,如图 4.10 所示。这种设计有两个主要的特点:第一,规划和执行的紧密耦合使陈述性和过程性技术能够有效地结合起来应用于系统的决策;第二,引入粒度作为系统的第三维度,使决策层与功能层可以在系统功能的任意级别上进行交互。

2. 功能层

功能层是通往所有系统硬件及其功能的接口,它为机器人系统功能的研究、开发和集成提供了一个灵活的平台。为了解决机器人系统的巨大差异所带来的挑战,Volpe 等[19,20]采用面向对象的方法来实现功能层的设计,其优点包括以下几个方面。第一,面向对象软件可以进行结构化的设计,从而直接匹配机器人系统中硬件的模块化嵌套。第二,在嵌套结构的所有层次上,系统组件的基本功能和状态信息都可以在其逻辑位置进行编码和分隔。第三,合理的软件结构设计可以充分利用继承属性来降低软件开发的复杂性。第四,这个结构可以用统一建模语言(unified modeling language, UML)标准进行图形化设计和文档化。

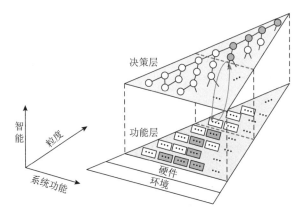

图 4.10　CLARAty 的结构[19]（见书后彩图）

1)功能层的结构化设计

功能层提供了丰富的良好封装的组件。每个组件都包含了一些默认的功能/行为，为该组件的使用提供了一个起点。在此基础上，组件还可以扩展、修改甚至替换，以适应实际项目的需求。

组件是通过类来实现的。在功能层中，主要有三种类型的类：数据结构类、通用物理/功能类、专用物理/功能类。它们被集成在一个框架中以最大限度地促进代码重用、消除重复的功能并简化代码集成。因此，各个类之间存在着关联和依赖关系，它们共同提供了一个模块化且良好集成的解决方案。

(1)数据结构类。数据结构类专门用于数据处理、转换和存储，是系统中重用程度最高的组件。它们不包含任何执行功能，这使它们的实现和移植都相对容易。数据结构类还可以分成通用数据结构和专用数据结构，前者的例子包括向量、矩阵、容器等，后者的例子有图像、消息、位置等。

(2)通用类。通用类可以分为通用物理类和通用功能类。

通用物理类用于物理对象的结构和行为的抽象定义。其中的一些类包含部分功能实现，因为它们最终连接到物理/模拟对象。通用物理类的例子包括马达、关节、机械臂、小车等，它们根据粒度和功能的不同进行嵌套式组织。

通用功能类在结构上与通用物理类相似，只是它们不连接到硬件或仿真组件。它们为实现复杂的算法提供了一个框架。通用功能类的例子有：物体查找、视觉导航、立体视觉、定位等。

(3)专用类。专用类可以分为专用物理类和专用功能类。专用类是通用类的扩展，它们根据特定应用的需要对通用类进行特化，将通用类与实际硬件组件连接起来。专用类完成了其对应通用类的实现，如果需要，它们还可以重写通用类中的某些默认实现。

合理地设计一套专用类是机器人系统开发过程中最困难的工作。每个硬件组件都有自己的结构和工作原理，每个通用类也都有自己的行为和操作理论。如果不仔细地将两者结合在一起，可能会导致体系结构不匹配和较差的系统性能。最理想的方案是充分利用硬件架构的特性，并将其很好地适配到通用类中。这就是专用类的工作，它们使用硬件组件提供的功能实现通用类定义的行为。

这些类之间存在着两种类型的关系：继承和聚合。通用类和专用类之间就是继承关系，专用类是从通用类派生的。聚合则用于实现具有不同粒度级别的类。例如，"机械臂"类聚合了较低级别的"电机"类和"连接"类对象。功能层中类的继承和聚合关系的简单示意如图 4.11 所示。

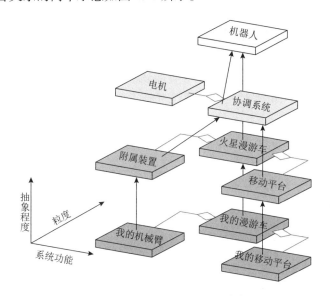

图 4.11　类的继承和聚合关系的简单示意[19]（见书后彩图）

之所以可以对机器人系统进行这样的分解，是因为较低粒度级别的组件可以在几乎或根本不知道相邻组件的情况下实现其开发。换句话说，低层组件之间的耦合在很大程度上是松散的。当来到更高的层次时，组件之间的耦合会增加。较高级别的组件聚合较低级别的组件，上级组件管理其下级组件的交互。这种方法提供了系统各个层次的良好定义和抽象，显著降低了系统的复杂性。它还为开发更高级别的组件和算法提供通用且灵活的接口，系统开发人员可以在不同的层次上工作而不必深入了解较低的层次。

2）组件的功能

所有组件都包含自己的功能。除了与自身定位紧密相关的特定功能之外，它们还提供一些基本的功能。这些功能可以从功能层内部访问，也可以由决策层调用。

（1）状态估计。系统各个部分的状态都包含在对应的对象中，并可以通过查询获取。这包括状态变量值、状态机状态、资源使用、运行状况监视等。这样，决策层可以获得当前状态的估计值或未来状态的预测值，用于执行的监视和规划。

状态估计可以有不同的形式。本地状态的估计可以在组件的范围内以软件、硬件或两者组合的形式实现。如果组件中存在着可用的冗余信息，则使用该信息可以更好地估计状态。虽然状态估计通常仅限于组件可用的知识，但是可以通过查询具有更大范围的更高级别组件来获得更复杂的估计。

(2)资源使用预测。资源使用预测也被设置在使用资源的对象中。对这些预测的查询由决策层在规划和调度期间完成，并且可以设置不同级别的精度要求。在某些情况下，在执行一个精确预测的过程中，上级对象可以访问下级对象。

(3)本地规划和执行。所有物理和功能组件都可以具有本地执行和规划能力，在不考虑全局最优性的情况下提供标准的基本功能。虽然这仅限于组件的范围，但更高级别的组件对其下属享有执行控制权。在某种意义上，功能层为决策层提供不同粒度的基本功能。更高级别的组件隐藏了其下属的复杂性。

(4)仿真。通过用仿真对象代替硬件对象，可以在不同的精度级别上实现系统仿真。在最简单的形式下，系统的仿真可以通过向所有与硬件交互的底层对象提供仿真能力来完成。这种方式可以得到较高的仿真精度，但同时需要较多的计算资源。因此，将仿真能力渗透到层次结构中的上级对象是有益的，这样可以在需要时以较低的计算量提供足够满足精度要求的模拟。

(5)测试和调试。随着系统复杂性的增加，对于初始开发和回归测试，所有对象都必须包含测试和调试接口，并具有外部仿真器。

3. 决策层

决策层由覆盖功能层的层次结构组成，它使用功能层提供的能力来实现操作者制定的目标。决策层的规划结果采用一种称为目标网的结构来表示。目标网是对高层目的的分解，它包含规划过程中目标的陈述性表示、调度产生的时间约束网络，以及执行过程中使用的任务树过程分解。其中，目标是随时间变化的状态约束，而任务是紧密相连的并行或串行的活动。

CLARAty 的决策层相当于传统混合式体系结构中规划调度层和执行层的组合。通常，规划单元负责长期的推理，而执行单元管理短期的行为。然而，有时利用规划功能来细化近期计划和(或)利用执行功能来扩展部分远期规划是有益的。因此，在不同的粒度层次上对二者进行组合将有助于提高系统的灵活性和鲁棒性。

1)规划调度单元

规划和调度的作用是基于一组输入目标和一个领域模型生成一个有时序约束的行动计划。规划算法根据一组目标确定一个行动方案(即计划)，它通常通过搜索或层次结构来实现。例如，通过前提和效果分析实现前向或后向链式搜索；或者通过分层任务网络规划将高层目标分解为低层活动。调度算法将时间和资源分配给计划中的活动，这些分配必须遵守所有相关的规则或约束，如时间关系、资源限制、有效状态转换等。调度技术方法分为两大类：构造方法和修复方法。构造方法逐步扩展部分计划，直到它们完成为止。修复方法则是在完整但不一致的时序安排中修复冲突。一个简单的行动计划如图 4.12 所示。

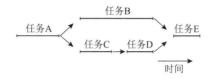

图 4.12　行动计划的简单示意[19]

2）执行单元

执行单元的职责是从规划调度单元中获取最终的行动计划并生成必要的操作。这些操作包括将抽象的计划扩展为低级的指令、执行指令并进行监视、处理任何异常或意外的行为。与规划单元不同，执行单元没有对未来进行预测的能力，它主要根据环境和机器人的当前状态进行反应式操作。

执行单元采用"任务树"来描述将任务分解为较低级别的活动时生成的树结构。图 4.12 中任务 A 的分解示意如图 4.13 所示。图中任务树的叶节点所代表的活动通常直接对应于分派给功能层的指令。

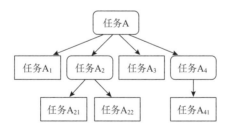

图 4.13　任务 A 分解示意图[19]

根据系统的不同，执行单元可以拥有或多或少的功能。最少的情况是，执行单元只负责把活动分派给低级控制器，它不执行进一步的活动过程扩展。在这种模式下，执行单元只需确保在适当的时间和(或)适当的条件成立时执行活动。最多的情况是，执行单元负责生成活动序列。在这种模式下，规划调度单元被绕过，执行单元直接将高层目标分解成命令，执行这些命令，并根据状态反馈修改命令序列。

3）规划和执行的融合

通常，规划单元采用陈述性方式来描述领域模型，这使它能够根据高级目标通过全局搜索和推理生成最优的计划；执行单元使用过程性表示方式，因此可以对环境的变化做出快速反应，并适当地修改其命令序列。这两种决策方法分别称为目标驱动的方法和事件驱动的方法。在传统的混合式体系结构中，二者的分离使它们只能各自在特定的抽象级别和特定的时间范围内使用。

Volpe 等[19,20]主张将规划和执行进行融合。一方面，在规划单元中提供事件驱动的功能是有益的。例如，有时在高层活动中或在未来重要活动的调度中可能需要条件反应或循环行为。在这种情况下，此类活动越早得到适当的扩展，有关其状态和资源使用情况的信息就可以越快地传播和推理。另一方面，在短周期的执行过程中拥有目标驱动的能力通常也是有益的。例如，我们可能希望规划单元能够在搜索过程中跟踪和推理一些低级活动的资源使用情况。如果执行单元正在扩展活动，规划单元可以对该扩展进行分析和优化，使其更好地纳入全局计划中。如果没有较短时间范围内的规划功能，则必须使用最坏情况近似值来估计许多活动资源和状态影响，这可能会显著影响计划的最佳性。

图 4.14 显示了系统中规划和执行的融合方式[①]。在 CLARAty 中，规划单元和执行单元将在相同的活动集和时间范围内运作，并允许所有的能力用于近期和远期活动。图中淡蓝色和淡红色部分分别显示了执行和规划单元的活动域。执行单元将主要在短期内活跃，但也可用于扩展长期计划活动。同样，规划单元主要工作在长期范围内，但也可用于细化短期活动。一个单独的模块将决定在哪些活动上使用什么功能，并同步这两组功能。这种紧密集成规划和执行的方法将提高机器人系统的响应能力，并增加表示的灵活性。

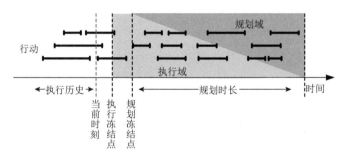

图 4.14 规划和执行的融合[19]（见书后彩图）

4. 决策层与功能层的接口

在 CLARAty 模型中，决策层和功能层在系统功能上存在着比较大的重叠。某些操作可能同时存在于决策层和功能层中，用户可以根据具体的应用决定在哪

———————————

① 为了确保系统在计划的执行过程中保持自洽，对于当前时刻和规划（执行）冻结点之间的计划，规划（执行）单元将不会对其进行修改。

一层中对它进行实例化，例如，一些用户可能希望在决策层中规划定位活动，而其他用户可能希望定位操作仅由功能层处理。

CLARAty 模型中的冗余使用户可以根据实际应用对它进行裁剪，而裁剪中需要解决的主要问题就是设定"线"(the line)的位置。在"线"之上的问题将由决策层来处理，之下的操作将由功能层负责。也就是说，"线"是决策层与功能层之间的概念化边界。在决策层，高层目标经过不断分解生成一系列底层目标，而底层目标则通过直接调用功能层的行为来实现。"线"位于决策层目标网的下缘，当它投影到功能层上时，它表示一个边界，在边界之下的系统对决策层来说是一个黑盒，黑盒中的行为已经进行了良好的刻画。除了功能调用之外，"线"还是决策层接收功能层信息更新的地方，这些信息包括活动失败或成功、活动持续时间、资源级别、状态信息和异常通知等。在图 4.10 中，"线"用红色虚线表示，而决策层与功能层的交互用蓝色带箭头的曲线表示。

在 CLARAty 的不同实例化中，"线"可能处于不同的位置。这就允许用户或系统本身在操作时能够在较低或较高粒度级别的接口之间选取一个折中的方案。在 CLARAty 的早期版本中，"线"的位置需要在实例化之前设置并在整个使用过程中保持不变；而在后来的改进中，"线"可以根据系统性能动态地设置和移动。

当"线"位于较低的粒度级别时，功能层的内置功能基本上被忽略。这使系统可以充分利用决策层的全局优化的活动排序，前提是决策层了解系统所有的小细节并且有充裕的时间来处理这些信息。对于使命中的关键操作，花费很长的时间来预先规划非常短的活动序列是值得的。然而，这种模式不可能总是被采用，因为它将迫使系统花费不成比例的时间进行规划。尽管规划结果是最优的，但如果把规划时间考虑在内，系统的表现可能是次优的。

反之，当"线"位于较高的粒度级别时，决策层可能很少执行任务的细化，而是将大部分的任务分解工作交给功能层来完成。这种方式允许开发者在较高的抽象层次上来解决问题。在计算资源并不十分富余或子系统不并行运行的情况下，直接使用功能层的编码行为可能会更有效。但是需要注意的是，功能层只能实现局部最优的操作，而决策层可以充分考虑子系统之间的耦合并进行优化。

4.2.7 采用垂直结合方式的其他混合式体系结构

徐威等[23]提出了一个两层的混合式体系结构。系统层(慎思层)包含智能决策、环境建模、环境感知、行为生成 4 个基本模块，其他模块可以根据实际应用环境进行添加。每个模块都维护一个知识库，并通过自身的知识库与其他模块进行信息交互，从而实现环境感知与理解、智能决策与控制等相关功能。节点层(反应层)中包含的行为可以分为两类：目标行为主要负责与使命相关的操作，其优先级较低，行为之间的融合采用基于优先级的仲裁机制；安全行为主要负责与系统安全相关事务的紧急处理，具有较高的优先级。系统的运行在两类行为之间来回切换：当各个安全行为阈值的加权求和超过设定门限时，则安全行为类被激活；否则系统将退出安全行为类，由目标行为控制系统的运行。

Marino 等[24]提出了一个三层的混合式体系结构用于多机器人的协同控制。它的底层实现了对单体机器人控制的封装。中间是反应层，以边界巡逻使命为例，其内部定义了五个基本行为，并对这些行为进行不同的组合得到六个行为集合。顶层是慎思层，它根据不同的使命阶段选取不同的行为集合。该体系结构的特点在于反应层中的行为融合方式：一种改进的加权求和方法。首先，它定义了任务函数，并通过期望任务函数的求导以及任务函数期望值与当前值的偏差来计算行为的期望输出。行为的输出按照优先级从低到高的顺序逐渐加权求和：低优先级行为的输出乘以一个权重以后加到高优先级的行为输出上，不断迭代直到最高级行为。行为的权重通过任务函数关于机器人状态的雅可比矩阵的伪逆来计算。通过这种方式，低权重行为的输出向量中只有那些不影响高权重行为的分量会被执行。

Payton[25]提出了一个四层的混合式体系结构，它由一个三层的类似于分层式体系结构的慎思子系统和一个单层的反应子系统构成。其中，使命规划层负责把概括性的使命目标转换成一系列适用于地图规划的地理目标和移动约束。在基于地图的规划层，规划单元把这些地理目标和约束转换成特定的路径移动计划。局部规划层选择恰当的反应式行为来执行期望的路径计划。最底层的反应子系统包含一系列的行为(Payton 将其称为专家子模块)，负责在不同的情形下维持载体的实时控制。慎思子系统根据不同的情形选择不同的行为集合，并通过以下方式实现对反应子系统的影响：①设定行为的优先级；②修改行为的参数；③设定行为的激活和终止条件；④故障处理。

Insaurralde 等[26-29]提出了一个三层的混合式体系结构，并应用于各种类型的机器人上。该体系结构的特点在于它引入了自主计算的思想实现控制系统中各模块的管理。Insaurralde 在反应子系统中添加了一个自主控制器，自主控制器的内部包含着多个子单元，每个子单元分别管理着系统中某个特定模块，包括规划层的使命交互和世界模型、调度层的数据记录、控制层的姿态稳定、能源控制、载体控制、负载控制、载体引导等。在我们看来，自主控制器的引入提高了系统的自主水平，但是在该体系结构中，各个自主控制子单元并未与系统中的各模块紧密结合，而是集中地放在反应层中，这种实现方式与自主计算的思想并不完全一致。

4.2.8 垂直结合方式的分层

采用垂直结合方式的混合式体系结构至少包含两层：底层是反应层，感知和执行被紧密地耦合在一起；顶层是慎思层，包含搜索、推理和其他认知功能，例如状态配置分层控制体系结构、CLARAty。最常见的是三层结构，例如，RBM 体系结构设计了一个中间层负责慎思和反应之间的协调；SSS 体系结构和 DCA 则是根据实际的需求分别将反应子系统和慎思子系统一分为二。少数体系结构为了引入其他的解决方案产生更多的分层，例如 AuRA 进一步把慎思子系统分为了三层。但不管分成多少层，其底线是慎思和反应应协调工作，体系结构应决定在哪里、用什么方式来实现所需的功能。

对于多数体系结构采用三层式设计方案这一现象，Gat 和 Connell 通过对控制算法、状态信息等的经验观察做出了解释。Gat 认为，根据是否使用状态信息以及所用状态信息时间跨度的不同，可以把算法分为三类[30]：规划和世界环境建模算法使用过去和当前的状态，并对未来的状态进行预测；规划执行算法根据当前的状态选择下一步的应对方案；反应式行为算法不使用状态，它直接根据传感器信号计算输出给执行器的控制信号。因此，系统可以根据这个特点来组织算法：包含过去、当前、未来状态的规划和建模算法位于系统顶层；只关心当前状态的规划执行算法放在中间层；而不保存状态的反应式行为算法则置于底层。Connell 则认为，系统的分层源于状态变量取值的量化[18]。自底向上，系统分别对空间和时间进行离散化。例如在 SSS 体系结构中，离散化按照先空间后时间的顺序进行。因此，系统的底层运行于连续的空间和时间域中，中间层工作在离散空间连续时间的环境里，顶层则在离散的空间和时间中运转。

绝大部分的混合式体系结构采用的是垂直结合方式，除了分层方法和层次数量上的差异之外，它们的结构是大致相同的。这类体系结构与 2.3 节的分层式体系结构有很大的相似之处，主要的区别在于它的反应子系统中有多个并行的行为以及行为输出的仲裁；而分层式体系结构的每一层都近似于一个 SPA 结构，不存在反应式的成分。

4.3　水平结合方式

相比垂直结合方式，水平结合方式和嵌套结合方式在混合式体系结构中只占较小的比例，它们也没有一个大致框架，各个实例之间结构差异较大。在水平结合方式中，慎思子系统和反应子系统之间没有上下级的关系，它们的地位是平等的。两个子系统可能在不断的直接或间接交互过程中并行地工作，也可能在某种机制的控制下以来回切换的方式轮流工作。

本节将主要介绍复杂环境导航三层体系结构（a three-layer architecture for navigating through intricate situations, ATLANTIS）[30, 31]、过程推理系统（procedural reasoning system, PRS）体系结构[32, 33]和规划器-反应器（planner-reactor）体系结构[8,34]，并对该类型的其他体系结构进行简要介绍。

4.3.1 ATLANTIS

ATLANTIS 是由 Gat 提出的一个混合式体系结构[30, 31]。在该体系结构中，慎思式规划层和反应式行为层在中间协调层的调度下并行地工作。

1. 总体结构

Gat 根据他对机器人运行环境、控制算法等的经验观察，总结了三层体系结构设计的指导方针。他认为，一个机器人的自主控制需要包含三种机制(三类算法)：

(1)控制机制，负责原子动作(反应式的感知-动作进程)的实施，对应于快速的反应式算法，对运行时间有严格的限制；

(2)计算机制，用于实现一些耗时的算法，如决策生成、世界环境建模等；

(3)调度机制，负责二者之间的交互和协调，它需要相对快的算法，但是没有实时性的要求。(这里快和慢是相对于环境的变化而言的。)

与此对应，ATLANTIS 的结构包含三个单元：一个反应式反馈控制单元(控制器)，一个反应式调度单元(调度器)和一个慎思规划单元(规划器)。ATLANTIS 的结构如图 4.15 所示。

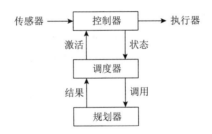

图 4.15　ATLANTIS 的结构[6]

2. 控制器

控制器负责原子动作的控制，它包含多个感知到执行的反应式控制闭环，每个闭环负责一个传递函数的计算。Gat 归纳了对控制器的一些重要约束：

(1)每个控制周期中，传递函数的计算应尽快完成以提供足够的带宽来满足期望动作的闭环控制；

(2)控制器应具备故障检测的能力，以便调度器能够及时地进行修复；

(3)除了滤波等算法外，控制器应尽可能地避免记录历史状态；

(4)原子动作(传递函数)应该是内部状态的连续函数。

3. 调度器

调度器负责原子动作和慎思规划的启动和停止、原子动作的参数设置以及控制器故障的处理，它需要结合当前的情形做出反应，以确保任务的完成。调度器中包含一个任务队列，这是机器人需要执行的任务列表。每个任务对应着若干种方法以及每种方法的前提条件。每一种方法可能是一个原子动作，或者是一个子任务序列。运行过程中，调度器不断地把队列中的子任务扩展成原子动作，并避免两个相互干扰的动作同时运行。因此，它给每个动作附上一个资源列表和使用一套旗语来防止这类冲突。此外，如果一个原子动作需要终止，那么调度器确保这个动作能够恰当地结束并回收与该动作相关的资源。

4. 规划器

规划器负责任务的规划和世界模型的维护。这些耗时的人工智能算法通常采用 LISP 程序来实现。规划器的计算结果是调度器在多个任务中进行切换、任务方法选择或者任务参数设置的依据。

5. 分析

与其他三层体系结构相比，ATLANTIS 最大的不同点在于它的"司令部"不是规划器而是调度器。规划器的主要任务是回复调度器的查询，它的规划任务是由调度器指派的，它的规划结果也仅仅是作为给调度器的建议，调度器不需要严格地执行。

4.3.2 PRS 体系结构

PRS 体系结构[32, 33]采用一种"推迟规划"的方法，使机器人的规划可以避免对世界模型过强的假设、对(规划得到的)动作序列的过度约束、对计算资源等的过度消耗。"推迟规划"是一种层次化和部分规划的方法，它在临近执行的时候才把规划详细展开。因此，系统中的规划和执行是交错进行的，使机器人体现出慎思和反应两个方面的特点。

1. PRS 体系结构的组成

PRS 体系结构包含一个数据库、一组目标、一组解决方案、一个进程堆栈和一个解释器，如图 4.16 所示。

数据库中存储着系统和环境的状态、系统知识和应用领域知识。这些内容部分由操作者在系统初始化的时候提供；其余的则由 PRS 在执行的过程中获得，包括对环境的观察以及从这些观察中得到的结论。PRS 采用一阶谓词演算作为状态描述语言来描述当前哪些状态是成立的。

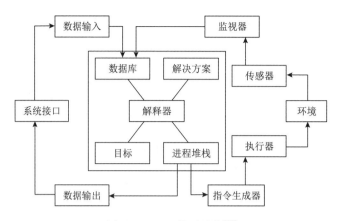

图 4.16　PRS 体系结构[32]

与多数人工智能规划系统不同的是，PRS 采用系统的期望行为(而不是系统期望达到的状态)来表示目标。期望行为有两种不同的描述方式：第一种采用 *n* 元组形式，如(walk *a b*)表示从 *a* 行进到 *b*；另一种是对一个状态描述施加一个时间运算符，如#*p* 表示状态 *p* 必须在序列的执行过程中保持成立。

PRS 通过陈述性的过程说明来描述解决方案(称为 knowledge area, KA)，每个 KA 里面包含着如何执行动作序列以完成特定目标或者对特定状态做出反应的知识。KA 由一个实体和一个先决条件组成：实体可以看成一个规划或者规划概要，它包含完成目标需要执行的子目标序列(往往不是原子动作序列)；先决条件是一个与系统目标和(或)系统状态有关的逻辑表达式，描述在什么条件下 KA 可以被激活。此外，PRS 内还有一些具有特殊功能的 KA(元级 KA)，负责处理与自身状态、目标和行动相关的操作。例如，从一系列的满足先决条件的 KA 中选择一个用于执行。

进程堆栈内存放着系统中处于活动状态的 KA，它们体现了系统的意图。其中，正在执行的 KA 处于栈顶位置，用于实现当前目标或者对观察到的情形做出反应。

解释器负责整个系统的运行，它的工作机制相对简单。在每一个控制周期，解释器确认哪些目标是活动的，数据库中的哪些状态是成立的。然后根据当前的目标和状态，搜索可以被激活的 KA。根据规则，选择其中的一个 KA，放于栈顶准备执行。

2. PRS 的运行

系统的运行是以一种规划和执行交错的形式进行的。一般的，系统根据当前目标和当前状态，选择一个满足激活条件的 KA 放入进程堆栈执行。该 KA 是对当前目标的一个粗略规划，包含着完成当前目标所需的子目标的序列，因此它的执行将会使第一个子目标成为新的目标，放入目标堆栈。下一次迭代时，系统根据新的目标选择新的 KA，进一步执行，如此重复，直到当前 KA 中的规划是原子动作的序列，可以直接驱动执行器。由此可见，在任何时候，整个系统的规划总是分层和局部的(聚焦于近期的)。当某个目标将被执行的时候，用于实现这个目标的特定方法才详细展开，这种"推迟规划"的策略使得系统能够在更长的时间里获得更充分的信息用于谨慎地做出的决策，从而具备更强的能力在实时约束条件下实现它的目标。

在 KA 的执行过程中，除了产生新的目标之外，还可能产生新的状态。每当有新的状态加入数据库，解释器将启用适当的一致性维护程序对该状态加以判断。如果是 KA 执行过程中的预期结果，PRS 将继续执行原来的 KA；反之，如果是意外的情形或者一些重要的事件发生，PRS 将重新评估它的目标和动作，然后可能激活其他的 KA。

在整个运行过程中，不同的元级 KA 可能被调用，用于在多个可被激活的 KA 中做出选择；或者是当相互不一致的目标出现时确定任务的优先级。这使得机器人可以根据情形的需要改变它的目标或者意图，即机器人可以适应于多任务的情形。

3. 分析

PRS 体系结构被归类为混合式体系结构的原因有以下两个方面。第一，根据每个 KA 里面包含的知识可以将它们分类为慎思式 KA(含有如何执行动作序列以完成特定目标的知识)和反应式 KA(包含对特定状态做出反应的知识)。第二，在任何时刻，PRS 的规划依赖于它的当前目标和状态。通过不同的 KA 将目标进行层次化的分解，系统体现出了与分层式体系结构类似的慎思式特点。PRS 动态、增量式地扩展近期规划，使它能频繁对新的状态或者情形以及目标的改变做出反应，系统又体现出反应式的特点。

相比其他的混合式体系结构，PRS 体系结构的最大特点在于其内部慎思子系统和反应子系统的融合方式：两类 KA 的交错执行使系统在慎思和反应之间来回切换。

4.3.3 规划器-反应器体系结构

Lyons 和 Hendriks 提出的规划器-反应器体系结构[8,34]采用了另一种融合慎思和反应的方法应用于车间零件装配机器人。在该体系结构中，反应子系统和慎思子系统之间彼此独立、并行地工作。反应子系统(下称反应控制器)负责机器人的控制，它实时、连续地与环境交互；慎思子系统(下称规划器)本质上是一个执行监控器，它根据环境的变化不断地调整反应控制器的规则来确保目标的实现。系统的结构如图 4.17 所示。

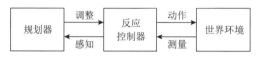

图 4.17　规划器-反应器体系结构[34]

1. 规划器-反应器体系结构的组成

反应控制器由一个反射行为的网络构成，每个反射行为对应于一个感知和电机动作的硬连接组合。设计者采用机器人纲要(robot schema，RS)模型(一种公式化表示机器人规划的灵活框架[35])来描述反应控制器，并通过情形①这个概念引入，使反射行为网络呈现为一种树形的结构，便于设计者理解和诊断可能出现的问题。

规划器的目标是构建一个理想的反应控制器，即能够适应于不同环境条件的反应控制器。显然，期望这个目标在任何时刻都能立刻实现是不现实的。对此，设计者采用了一种增量式调整、不断优化的方法：在一开始，先选择一系列比较严格的假设条件，使规划器能够快速构建出一个可行的反应控制器；然后，根据这些假设在现实世界中不可能发生的程度依次放宽，要求规划器根据新的条件修改反应规则，使它能够在一个比之前更宽的范围内完成任务；最终，在放宽所有假设条件的时候，使反应控制器达到或者趋近于一个理想反应控制器的结果。

2. 规划器-反应器体系结构的运行

在反应控制器的工作过程中，规划器对它进行规则的修改需要受到什么样的约束是规划器-反应器体系结构需要解决的一个主要问题。RS 模型的建立使这个问题可以采用一种精确的方式来讨论，情形的引入也为规则的修改及其规范性讨论提供了便利。设计者据此提出了三条规范：

(1)一致性。在某个时间点之前，反应式行为由旧规则产生，之后由新规则产生。

(2)安全性。行为在执行过程中不应该因规则的修改而终止。

(3)有界性。规则的修改应该在有限的时间内结束。

设计者将树形结构规则网络的修改分成了先删除、后添加的两个阶段，它们都以情形为单位，并分别按从上层到下层和从下层到上层的顺序进行。此外，在情形的激活条件长时间成立时，"感知-动作"的连续循环也被改成了先结束再重

---

① 每个情形对应于一组相关的（同类的或者串联的）反射行为或者其他情形，即情形是可以嵌套的。因此，每个情形对应于反射行为规则网络树形结构中的一个子树。

新开始的方式，即在循环之间插入了间隔，确保每个情形都会在短时间内结束。从而，一致性、安全性和有界性三条规范得到了保证。

规划器的详细结构如图 4.18 所示。在每一次迭代过程中，它根据世界模型 EM 和当前目标产生一个期望 E。E 是规划器计划对反应控制器进行修改的内容的简要描述，它和反应控制器当前的规则集合 R 组成了理想反应控制器。反应控制器的修改过程可以看成 E 逐渐减少而 R 不断增加直到 E 变成 0 的过程。E 结合假设条件通过分析得到本次计划修改内容 ΔE，后者经过分解以后产生修改规则 ΔR。如果这部分修改规则依赖于某个假设，分解得到的内容还将包括相应的假设监视器 ΔI。ΔI 是一个进程，它不断地检测该假设是否成立；当假设不成立时立刻给规划器发送一个错误假设信号 FI。规划器收到信号后，删除该假设并重新构建反应规则中相应的部分。此外，如果规划器需要特定的信息，它将产生一个额外的感知进程 ΔP，将反应控制器中收集的信息发送给规划器 VP。

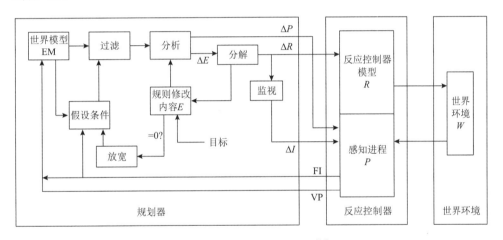

图 4.18 规划器的详细结构[34]

3. 分析

与 4.2 节的垂直结合方式相比，规划器-反应器体系结构既有相似之处也有不同的地方。虽然慎思子系统对反应子系统也起到了"引导"的作用，但它在系统中并不处于绝对的支配地位，而是根据环境的变化不断地调整和优化反应控制器的规则以确保目标的实现。而且，慎思子系统并不具备对未来进行预测和规划的能力，而是聚焦于当前的情形，所以这种"引导"更大程度上是被动而非主动的。综上，我们将慎思和反应子系统之间定位于平级关系而非上下层关系，并把这种结合方式归类为水平结合。

4.3.4 采用水平结合方式的其他混合式体系结构

实时人工智能系统(real-time artificial intelligence systems, ARTIS[①])智能体体系结构是 Botti 等[36]和 Hernandez 等[37]提出的一个混合式结构。从用户模型的角度来看，ARTIS 智能体体系结构是黑板模型的一个扩展，它的内部包含了一系列行为。但在运行时，根据外界的环境状态，系统中有且仅有一个行为处于活动状态。每个行为都是由一组内部智能体(internal-agents)构成的，每个内部智能体定期执行特定活动以解决特定的子问题，从而所有内部智能体能够合作解决整个系统的问题。内部智能体通常包括以下内容：一个或多个感知多知识源(multiple knowledge sources，MKS)，用于感知环境的当前状态；多个认知 MKS，它们计算与当前感知相匹配的动作，以满足智能体的目标；一个动作 MKS，负责动作的执行。每个 MKS 都包含着多个层次，根据这些层次之间的组织形式，可以将 MKS 分为两类：多方法 MKS 和渐进式 MKS。在多方法 MKS 中，每个层次以各自不同的方式解决同一问题，代表了同一问题的不同可能性，层次之间没有相互依赖的关系。在渐进式 MKS 中，最低层次(反应式，必选)的内容首先得到执行，它利用较短的时间生成一个满足最低质量要求的保底方案。随后，其他层次(慎思式，可选)的内容按自下往上的顺序依次被执行，它们不断对之前得到的解决方案进行优化。当为 MKS 分配的时间到期时，执行将被终止，并将当前得到的最高层次的结果作为 MKS 的解决方案。

基于动机的行为体系结构(motivated behavioral architecture, MBA)[38]是一个较为特别的混合式体系结构，它包含以下几个模块。①行为生成模块内部包含着系统的反应式行为。当行为处于激活状态且感知输入满足运行条件时，它将生成对执行器的控制指令。②动机模块中同时包含反应和慎思的成分，它提供了若干个动机源，每个动机源分别驱动机器人以某种方式行动。动机源分为本能动机和理性动机。本能动机使用由感知和内部状态驱动的简单策略，提供机器人的基本操作。理性动机则采用知识的抽象推理，负责较复杂的任务执行过程。当理性动机与本能动机冲突时，理性动机具有更高的优先级。③动态任务工作区共享面向任务的数据结构，它采用树形层次结构来描述任务。动机源可以在动态任务工作区中添加或修改任务、查询任务信息或订阅关于任务状态的事件；它们还对是否期望机器人执行某项任务给出自己的建议。④行为选择模块根据动机模块的意图来确定系统应该执行哪些任务，并激活相应的行为。⑤仲裁模块负责解决行为之间的冲突，该体系结构采用包容的仲裁方式。⑥系统知识模块负责行为生成模块、仲裁模块和动态任务工作区之间关于行为的参数、结果以及机器人在环境中交互信息等的处理。

模块化任务体系结构(modular task architecture, MTA)是由 Doherty 等[39]提出

---

① 原缩写应为 RTAIS，Botti 等将其顺序重新排列，成为 ARTIS。

的一个混合式体系结构。它包含慎思、反应和控制三个层次，层次之间是并行运行的。反应层是系统的核心，另外两层中的模块以服务提供者的形式与反应层松散地耦合在一起。反应层中的行为本质上是事件驱动的，它可以打开自己的事件通道，并调用自己的服务（例如路径规划等）；它也可以由操作者或者其他行为生成、终止或者调用。

Wu 等[40]提出了一个慎思/反应平衡体系结构用于多机器人足球赛。在这个混合式体系结构中，每个机器人的行为将在慎思和反应之间来回切换，切换的依据是机器人自身置信函数的计算结果。置信函数根据机器人信息的"新鲜程度"以及机器人采取某个行为能够为整个团队带来的收获等数据计算得到。从这个意义上说，置信函数可以被看作是对机器人能力的实时度量，它确保由慎思或反应模型生成的行为完全适合其能力。

Rubilar 等[41]根据人工大脑的模型提出了一个两层混合式体系结构。上层慎思子系统的作用是对反应子系统当前的表现进行建模，期望机器人能够开发出适合于自身特点的知识，进而改进或提高自身的性能。在实现过程中，Rubilar 等在反应子系统中设计了六个简单的行为，慎思子系统则负责调整行为的参数/偏差。

4.4　嵌套结合方式

嵌套结合方式以慎思或者反应子系统的其中之一为主体构建系统的总体结构，另一个子系统以一种特殊的方式嵌入原有结构中，起到辅助的作用。嵌套结合方式没有遵循混合式体系结构的主流设计方法，而是采用一种类似于打补丁的方式，在原有的慎思式/反应式体系结构中适当地加入反应/慎思成分以提升系统性能。下面采用几个具体的实例加以说明。

4.4.1　任务控制体系结构

在反应式或者混合式体系结构中，随着使命复杂度的提高，控制系统中行为的数量增加，行为之间的交互也随之变多。这不仅会提高控制系统开发的难度，而且使得整个系统的总体行为变得难以预测。为此，Simmons 主张根据相关领域知识添加自上而下的规则来约束行为之间的交互，并提出了任务控制体系结构（task control architecture, TCA）[5]。其中，任务控制指的是协调机器人的感知、规划和执行单元来实现给定目标的问题，它包括明确目标、构建规划、监视进展和处理意外情形等问题。

TCA 是一个结构化的控制系统，它采用一种把反应式行为嵌入慎思式结构中的方法来分隔反应式行为并限制它们之间的交互，从而使系统变得可预测和容易维护。它的优点体现在以下几个方面：第一，采用慎思式和反应式方法分别处理系统的正常和异常情形增加了系统的可理解性；第二，系统中明确地约束了每个反应式行为所对应的情形，即在什么时候、以什么方式激活，减少了行为间的交互；第三，这种方法符合复杂系统的设计理念，它的开发是一个渐进的过程，期间允许新的行为逐渐添加到系统中。TCA 已经应用于多个机器人，其中典型的例子包括 Ambler[42] 和 Hero[43]。

1. TCA 的总体结构

TCA 的基础是一个星形结构（详见 2.4.1 小节），它由一个中央控制模块和一系列特定功能模块构成。以 Ambler 机器人为例，它的控制系统体系结构如图 4.19 所示。每个功能模块与中央控制模块连接，模块之间的通信通过消息传递来实现。TCA 提供以下类型的消息：

(1) 通知消息。从一个模块向另一个模块发送异步信息。

(2) 查询消息。向查询模块返回相应数据。

(3) 目标消息。指示某个模块对任务进行分解。

(4) 指令消息。发送给机器人实时控制器的可执行动作指令。

(5) 监控消息。设置执行监控。

(6) 意外消息。处理意外情形。

每个功能模块都在中央控制模块中注册了与它们功能相关的信息，包括它们可以处理哪些消息、消息的数据结构、消息的服务程序等。当某个模块要向另一个模块发送消息，它把消息发送给中央控制模块；后者根据各模块的注册信息把消息传递给目标模块。当某个模块接收到消息时，它对消息进行分析并启动相应的消息服务程序。

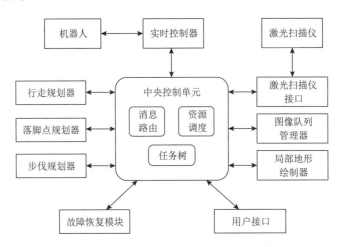

图 4.19　Ambler 的控制系统体系结构[5]

2. 慎思式控制的机制

TCA 中的慎思式控制主要包括任务的分解与时序安排和资源的管理。中央控制模块采用一个树形的结构（称为任务树）来表示任务与子任务之间的层次关系和任务之间的时序关系，如图 4.20 所示。图中的每个节点对应于一个消息，其中非叶节点表示目标消息，它仍需进一步分解；而叶节点表示可执行的指令消息和监控消息。在任务树中，自上而下的箭头表示任务的分解，反映了任务与子任务之间的层次关系。水平方向的箭头则表示任务之间的时序关系，描述了任务之间规划和执行的时序约束。TCA 提供了两种类型的时序约束，分别是顺序执行（sequential-achievement）和延迟规划（delay-planning）。顺序执行要求后一个节点的任何消息处理必须在前一个节点所有的消息处理都完成之后才可以开始。延迟规划意味着一个目标消息应该在它之前的任务完成之后再进行操作（分解）。时序约束采用各项操作的起始和终止时刻的关系来表达，例如，节点 1 和节点 2 之间的延迟规划约束可以表示为

$$Achievement_{n1} \cdot end \leqslant Planning_{n2} \cdot start \qquad (4.1)$$

慎思式控制的另一个方面体现为系统对资源的管理。TCA 把每个功能模块注册的消息服务程序当作单位容量的资源，它需要确保每个资源的负载不会超过它的容量。系统采用的资源锁存是避免超载的一种方法，虽然它可能引起死锁，但是正确地使用可以提高系统的可预测性。

3. 反应式控制的机制

TCA 提供了两种反应式机制来应对环境的变化，分别是监控和意外处理。监控是在特定的触发条件下执行某个动作的消息，对应于图 4.20 中的菱形框。根据触发条件的不同，可以把监控可以分为三种，分别是点监控、查询监控和中断监控。点监控只对条件进行一次测试，常用于评判目标是否已经完成，即任务是否被正确地执行。查询监控以一个固定的周期对条件进行测试，例如，机器人在运行过程中定期地检查电源以判断是否需要进行充电。中断监控是一种事件驱动型监控，当功能模块发现特定条件得到满足时，将通知中央控制单元启动监控。例如，在一个区域作业任务中，当机器人检测到它已到达作业区域时，它将启动观测模块持续跟踪作业对象。

当检测到一个执行错误或者规划失败时，响应功能模块将产生一个意外消息。对意外的处理是从下往上层次化进行的。系统首先在任务树中的故障节点的上一层进行搜索，尝试解决这个问题。如果无法得到一个满意的解决方案，则继续向上搜索，直到根节点。

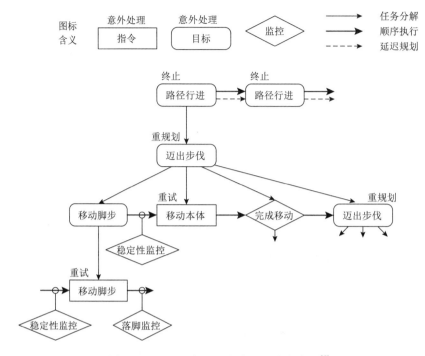

图 4.20   Ambler 机器人的自主行走任务树[5]

4. 任务实例

图 4.20 为六足机器人 Ambler 在自主行走中的任务规划实例。中央控制单元将第一段"路径行进"消息发送给行走规划器进行规划。行走规划器首先查询机器人的当前位置,然后规划一条从当前位置到目标位置的路径,并返回一个完成规划的通知。中央控制单元得到通知后,向行走规划器发送一个"迈出步伐"目标消息。行走规划器计算一个尽可能大的本体移动,然后查询最佳的落脚点。落脚点规划器通过查询地形图(由局部地图绘制器处理)计算落脚点位置。一旦计算完成,行进规划器发送一个"移动脚步"目标消息、一个"移动本体"指令消息、一个"完成移动"监控消息,以及下一个"迈出步伐"目标消息。中央模块把"移动脚步"目标消息传递给步伐规划器,后者计算脚步移动轨迹并发送一个"移动脚步"指令消息,传递给机器人实时控制器执行。

在机器人实时控制器完成一个"移动脚步"操作之后,中央控制单元紧接着给它发送一个"移动本体"指令。在完成本体移动后,中央控制单元激活一个监控,发送一个查询消息来确认期望的移动是否实现。如果没有实现,意外消息被发送,行进规划器被唤醒来重新规划。反之,中央控制单元等待下一个"移动脚步"指令消息,开始下一个循环。

在行进过程中,扫描仪模块在每次成功移动本体之后获取一个新的激光距离图像。故障恢复模块在每次脚步移动和本体移动之前激活一个稳定性监控，如果监控发现规划的移动可能引起机器人的不稳定，则放弃本次移动，机器人进入等待状态。

4.4.2　智能体理论体系结构

智能体理论(theo-agent)体系结构[44]是一个定位于一般性问题的学习型机器人体系结构，它特别强调机器人的快速反应能力和学习能力。该体系结构采用以反应子系统为主、慎思子系统为辅的组合方式，期望能够通过实际运行过程中的不断学习使机器人越来越趋向于一个反应式系统。

针对系统的快速反应能力，theo-agent体系结构采用了如下设计原则：Reacts when it can, plans when it must(非必要，不慎思)。机器人尽可能地采用"刺激-反应"的方式来选择它应该执行的动作，只有当反应式系统无法解决问题的时候，才诉诸慎思子系统。

对于学习能力，Mitchell认为一个学习型的机器人应该包含3个方面的能力：提高机器人的动作对环境作用效果的预测能力，提高机器人的快速反应能力，提高机器人对环境特征的感知能力[44]。theo-agent体系结构侧重于第二个方面的学习能力。每当机器人需要进行规划的时候，系统启用一个基于解释的学习算法来生成一条新的"刺激-反应"规则，该规则适用于本次规划所遇到的(和其他类似的)情形。因此，每次规划都会使反应式规则得到扩充，新加入的规则限制了机器人对相同或类似的情形进行规划的需求，大幅减少了机器人做出选择所需的时间，使机器人的快速反应能力不断提高。

1. 系统内部结构

theo-agent体系结构如图4.21所示，它包含环境感知、动作执行、备选目标、当前目标和规划五个模块。其中前两个模块构成了反应子系统，后三个组成慎思子系统。

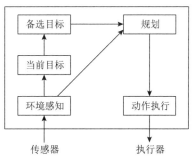

图4.21　theo-agent体系结构[44]

环境感知模块负责描述机器人及其外部环境的状态，其他模块可以从环境感知模块中提取所需的特征。它由若干个子模块组成，部分子模块存储着原子感知（传感器数据）输入，其他子模块则存储着从这些原子感知中提取的高层次特征。为了约束环境感知模块的计算开销，机器人将感知方式分为两类：快速感知（每个控制周期都自动更新子模块的信息）和延迟感知（仅当需要相应子模块信息的时候才重新计算）。这种更新策略大幅减少了每个周期中采集和提取感知数据的计算量。

机器人的目标包含三个重要的属性：使能条件、激活条件和完成条件。它们分别描述了在什么情况下目标可以被执行（成为备选目标）、目标被激活（成为当前目标）和目标已经完成。对每个目标属性的判断，都是以环境感知模块中的信息为基础的。

系统的控制策略相对简单，在每一个控制循环中，机器人执行以下步骤。

(1) 读取传感器数据，并更新环境感知模块中所有快速感知子模块的信息。

(2) 计算当前应该执行的动作（从上往下依次尝试，仅当前一种方法无效的时候才采用下一种方法）：①在可能的情况下，沿用之前执行的动作；②根据可用的"刺激-反应"规则，选择一个动作；③根据当前状态和目标进行一个规划，选择规划序列的第一步；④选择默认的动作，如等待。

(3) 执行选择的动作。

2. theo-agent 体系结构的特点

第一，它采用反应式优先的策略来确定系统的动作。每当它需要选择一个动作的时候，它查询一系列的"刺激-反应"规则。如果有一条规则适用于当前的感知输入，那么相应的动作将被执行。只有在没有规则适用的情况下，规划器才被唤醒来确定一个合适的动作。

第二，它通过学习的策略不断地提升反应式子系统的能力。每当机器人需要规划来确定一个动作的时候，基于解释的学习算法将被启动来获取一条新的"刺激-反应"规则，新规则的加入使机器人再次面对相同或者类似情形的时候能够做出快速的反应。因此，随着"刺激-反应"规则集合的不断扩展，机器人将能够适应现实世界中遇到各种类型的问题实例。

第三，它采用一种特殊的存储策略来避免不必要的重复计算。模块或者子模块中的每个值都伴随着一个"解释"，用于描述这个值的有效与否。这里的"解释"可以看成是其他模块的值的函数，例如，当其他模块的取值在某个范围内的时候，该"解释"有效；反之则无效。（其他模块的值也有它们自己的"解释"，如此不断回溯，最终每个值的"解释"都与环境感知模块中的特征直接或者间接相关。）在系统的运行过程中，模块中的值将被保存尽可能长的时间，只要它们的"解释"

仍然是有效的。因此，某些模块中的值可能保持许多个周期。一旦"解释"变成无效，就立刻删除对应的值，并根据需要重新计算，确保了对感知输入的快速变化，并避免了不必要的重复计算。

4.5 体系结构分类的讨论

在第 2 章和第 3 章中，我们分别介绍了慎思式体系结构和反应式体系结构。在这部分内容中，我们对这两类体系结构的组织形式进行了描述，对它们的特点进行了归纳。但是，如何严格地区分慎思和反应却是一件十分棘手的事情，学者对这个问题仍有较大的分歧。

在结束本章之前，我们打算就该问题做进一步的讨论。首先，我们从任务的分解与执行、规划的界定两个方面来区分慎思与反应，并进而讨论体系结构的分类。

4.5.1 任务的分解与执行

慎思式体系结构和反应式体系结构的差异首先体现在它们对控制系统的设计思路上，包括机器人任务分解方式的不同，以及与之紧密相关的任务执行方式的不同。

1. 任务的分解方式

对于一个复杂的任务，慎思式体系结构和反应式体系结构分别采用了横向和纵向的分解方式。慎思式体系结构把一个复杂的任务分解成若干个步骤（Nilsson[45]将其概括为感知、规划、执行三个步骤），通过依次执行这些步骤，使任务得以完成；而反应式体系结构把机器人的总体任务分解成若干个方面的控制问题，每个控制问题对应于一个"感知-执行"闭环（行为），然后采用某种机制来融合这些行为的输出，得到整个系统的控制量。如果把控制系统的设计看作是修筑一座桥的话，那么慎思式体系结构相当于修的是一座钢筋混凝土，它分别修筑桥头、桥身和桥尾，再把它们首尾相连；而反应式体系结构修的则是木桥，它直接用几块长木板横跨两岸，再将这些木板并排钉合到一起。

2. 任务的执行方式

任务分解方式的不同决定了任务执行方式的不同。总体上，慎思式体系结构采用的是从感知到规划再到执行的串行执行方式；而反应式体系结构则体现为多个行为彼此独立且同时工作的并行执行方式。

大部分研究人员对于反应式体系结构采用的是并行执行方式没有异议，而对于慎思式体系结构采用的是串行执行方式却有分歧。的确，除了 SPA 体系结构之外，绝大部分的慎思式体系结构中存在着一些并行工作的成分。下面我们来讨论这些并行成分与反应式体系结构中的并行工作方式之间的差异。

第一，工作内容上的差异。在慎思式体系结构中，不同层次之间确实是并行工作的。在整个使命过程中，它们在不同的时间和空间精度上做着相同的事情。在任何时刻，下层工作的内容可以看成上层内容在时间和空间轴上的局部特写，如图 2.2 和图 2.3 所示。而在反应式体系结构中，并行工作的行为分别负责任务的不同方面，它们的内容有很大的差别。

第二，交互方式上的差异。在慎思式体系结构中，同一层之间的模块也可能是并行工作的。它们并行工作的内容可能是彼此独立的，但更多时候是相互关联的。在后一种情形中，同层模块在上层模块的协调下彼此合作从而完成较为复杂的任务。也就是说，这些模块之间以一种可预测或者预先确定的方式进行交互。而在反应式体系结构中，所有的行为各自为战，它们之间的交互是不确定且难以预测的，而且行为之间是一种竞争的关系，它们对执行器控制权的争夺最后交由仲裁器来解决。

综上，我们认为慎思式体系结构采用的是串行执行方式。无论是不同层次之间的并行，还是同层之间不同模块之间的并行，都是在串行执行这个大框架下的局部体现。

4.5.2 规划的界定

从基本结构来看，慎思(感知-规划-执行)和反应(感知-执行)的最大区别在于是否包含规划模块。在慎思式体系结构中，规划可以看作从感知空间到执行空间的函数，其作用是不言而喻的。然而在反应式体系结构中，机器人每个行为的输出不可能凭空产生，也就是说，在感知和执行之间一定也存在着某种映射关系。那么这里的函数(映射)究竟有什么区别？为什么在慎思式体系结构中被认定为规划，而在反应式体系结构中被忽略？

根据早期人工智能领域的观点[45]，慎思规划应该包含推理、搜索等复杂的算法，而反应式行为更多地采用基于规则、势场等简单的方法。虽然这种根据算法的类别来区分慎思和反应的方法目前仍被部分学者采纳，但是我们认为，该评判准则源于早期硬件水平的约束导致慎思规划需要较长的时间，具有明显的时代局限性。首先，算法的计算时间与它的复杂度和规模有关。虽然推理、搜索等算法一般具有更高的复杂度，但是分层式体系结构(2.3 节)和集中式体系结构(2.4 节)已经把世界模型从一个整体分解成几个部分，缩小了推理和搜索的空间，从而提高了响应速度。其次，随着硬件水平提高，相同规模的计算所需的时间越来越短，规划与反应时间的不匹配不再是一个迫使慎思与反应严格分开的强制性原因。再次，感知模块也是需要考虑的因素。在早期相对简单的应用场景中，感知模块很少用到复杂耗时的算法。而随着使命和环境复杂度的提高，感知处理的及时性问题也慢慢显现。因此，将系统动态响应能力不足的原因全部推给规划模块就显得不太恰当了。

Albus 等在设计 NASREM 体系结构时提出，计划①是一个<行动, 事件>的序列，它引导机器人朝期望的目标事件运动。在这个序列中的每个行动相当于是一个子任务，而对应的事件是子任务的目标（即计划的子目标），序列的最终事件就是目标事件[46]。据此，或许可以这么来解释慎思与反应的区别：慎思式体系结构的决策考虑了未来一段时间（和一定空间内）的问题，它的输出是一个行动计划，因此负责这部分工作的模块被称为规划模块；而反应式体系结构关注的是"此时此地"，它没有计划，所以相应的模块也就不能称为规划，并且被隐藏起来。这正是不少学者区分慎思和反应的依据。在他们看来，慎思规划本质上是自上而下的任务分解，它指定当前和将来的动作和它们之间的约束；而反应意味着系统检测到环境中的变化并做出恰当的响应[5]。并且，这里的反应并不一定是反射（传感器和执行器的直接连接），任何的计算或者局部模型都是允许的，只要系统对给定情形的响应够快。因此，负责生成计划的模块被归类为慎思子系统，而负责监视机器人执行情况并及时做出调整的模块则属于反应子系统。

部分学者将规划和重规划区别对待，并把规划作为慎思的构成要素，而将重规划看成是反应的某种体现形式[21]。我们不同意这样的观点。这是因为规划和重规划之间仅仅存在着发生时刻和触发条件的不同（规划发生在机器人使命刚开始的时候，而重规划则是在使命过程中由某个条件触发），它们需要执行的运算以及相应输入输出的形式是一样的。因此，将相同或者类似的事情归类到不同的机制中是不恰当的。设想我们驾车从 A 地到 B 地，导航软件首先规划一条从出发地到目的地的路径；而当我们偏离原路径较多时，导航软件将重新规划一条从当前地点到目的地的路径。无论是最初规划还是重新规划的结果都是汽车在将来相当一段时间内的运行计划，它不同于对某些外界刺激的临时响应，例如因前方突然出现的人或物体采取紧急制动等。所以，我们认为规划和重规划都属于慎思的基本要素。或者，干脆不再加以区分，将它们统一称为规划。

---

① 由于规划既可做动词也可做名词，为了避免混淆，这里采用计划来表示规划的名词含义，即计划是规划的结果。

4.5.3 体系结构的分类

对于体系结构的分类,至今仍然没有一个统一的意见。争论的焦点主要在于系统中反应式成分的认定上。

1. 根据任务分解方式不同

在控制系统的设计过程中,对复杂任务采用横向分解方式的属于慎思式体系结构,采用纵向分解方式的属于反应式体系结构,二者兼而有之的属于混合式体系结构。本书第 2 章、第 3 章、第 4.2 节便对应于这种分类方式下的三类体系结构。

这种分类方法源于 Brooks 在提出包容式体系结构时对慎思和反应的区分,它得到了相对多数学者的认同。但是,必须指出的是,这种分类方法的要求过于苛刻,这使得部分机器人的体系结构并不严格地符合其中的任何一类。例如 4.3 节和 4.4 节中的例子,它们既不属于慎思式也不属于反应式,又同时具有慎思式和反应式的部分特征,不妨把它们都划分到混合式一类中。

2. 根据决策方式不同

部分学者提出可以根据决策方式的不同来区分慎思和反应,并以此对体系结构进行分类。其中,慎思的决策生成了机器人在未来一段时间和一定空间范围内的行动计划;而反应的决策关注的是在此时此地该对环境的变化做出何种响应。或者可以把慎思理解为前馈控制,而把反应看作反馈控制(调节)[5]。按照这个分类依据,第 3 章的例子均不包含前馈控制成分,仍为反应式体系结构;而慎思式体系结构(第 2 章)将仅剩 SPA 体系结构(2.2 节),分层式体系结构(2.3 节)和集中式体系结构(2.4 节)因包含反馈成分将与第 4 章的例子一起划归混合式体系结构。

显然,这种分类方式对反应式成分的界定过于宽松。毕竟,在自身控制精度和外界环境变化的影响下,几乎任何一台机器人都难以做到实际运行与预先规划完全一致,反馈控制是几乎所有机器人的必备要素。因此,在这种分类方式下,大部分的体系结构都被判定为混合式体系结构。

4.6 本章小结

混合式体系结构结合了慎思和反应的优点,使机器人在实现高级智能规划的同时又保留对动态环境的快速响应能力。因此,它在很长的一段时间里被公认为是最一般的求解结构。从某个角度来说,对混合式体系结构进行独立的评价是困难的,因为它的主要贡献在于提供了一个融合慎思与反应的思想,而这两种功能的交叉却常常是与任务相关的[47]。

根据慎思与反应结合方式的不同,我们把混合式体系结构分成了三类。其中,绝大部分混合式体系结构采用的是垂直结合方式。在这种结合方式中,慎思子系统和反应子系统分别扮演规划和执行的角色,它们之间是上下级关系,由慎思子系统来负责反应子系统中行为的配置和行为参数的设定。除此之外,有少数体系结构采用了其他的方式来融合慎思和反应。在水平结合方式中,慎思子系统和反应子系统之间是平级的关系,它们可能在系统其他单元的调度下进行交互,也可能直接进行交互。在嵌套结合方式中,系统以慎思子系统或者反应子系统的其中之一搭建主体结构,另一个子系统以一种特殊的方式添加到原有结构中,起到辅助的作用。

本章的最后讨论了慎思和反应的界定和体系结构的分类。虽然对于这个问题至今仍没有定论,但研究者早已不再纠结于此。因为体系结构的作用是施加恰到好处的约束来提高控制系统设计、开发和验证的效率,而不是约束问题的求解方式。更重要的是随着硬件技术的快速发展,计算速度得以大幅提升,极大地缓解了慎思与反应之间的矛盾。而随着机器人需求量的快速增长,体系结构研究的侧重点由机器人的能力转变为机器人的开发,于是出现了通用化体系结构。

参 考 文 献

[1] Firby R J. Adaptive execution in complex dynamic worlds[D]. New Haven, Connecticut, USA: Department of Computer Science, Yale University, 1989.

[2] Arkin R C. Integrating behavioral, perceptual, and world knowledge in reactive navigation[J]. Robotics and Autonomous Systems, 1990, 6(1-2): 105-122.

[3] Ferguson I A. Touring machines: autonomous agents with attitudes[J]. Computer, 1992, 25(5): 51-55.

[4] Gat E. Integrating planning and reacting in a heterogeneous asynchronous architecture for controlling real-world mobile robots[C]. Proceedings of the 10th National Conference on Artificial Intelligence, San Jose, CA, USA, 1992: 809-815.

[5] Simmons R G. Structured control for autonomous robots[J]. IEEE Transactions on Robotics and Automation, 1994, 10(1): 34-43.

[6] Arkin R C. Behavior-based robotics[M]. Cambridge, Massachusetts: The MIT Press, 1998.

[7] Lyons D M. Planning, reactive[M]// Shapiro S C. Encyclopedia of artificial intelligence. 2nd ed. New York, USA: John Wiley and Sons, 1992: 1171-1182.

[8] Lyons D M, Hendriks A J. Planning for reactive robot behavior[C]. Proceedings of IEEE International Conference on Robotics and Automation, Nice, France, 1992, 3: 2675-2680.

[9] Shiffrin R M, Schneider W. Controlled and automatic human information processing: II. perceptual learning, automatic attending, and a general theory[J]. Psychological Review, 1977, 84(2): 127-190.

[10] Norman D A, Shallice T. Attention to action: willed and automatic control of behavior[M]// Davidson R J, Schwartz G E, Shapiro D E. Consciousness and self-regulation. New York, USA: Plenum Press, 1986: 1-14.

[11] Bellingham J G, Consi T R. State configured layered control[C]. Proceedings of the IARP 1st Workshop on: Mobile

Robots for Subsea Environments, Monterey, California, USA, 1990: 75-80.

[12] Healey A J, Marco D B, Mcghee R B, et al. Evaluation of the NPS PHOENIX autonomous underwater vehicle hybrid control system[C]. Proceedings of 1995 American Control Conference, Seattle, WA, USA, 1995, 5: 2954-2963.

[13] Healey A J, Marco D B, Mcghee R B. Autonomous underwater vehicle control coordination using a tri-level hybrid software architecture[C]. Proceedings of IEEE International Conference on Robotics and Automation, Minneapolis, MN, USA, 1996, 3: 2149-2159.

[14] Byrnes R B, Healey A J, McGhee R B, et al. The rational behavior software architecture for intelligent ships: an approach to mission and motion control[J]. Naval Engineers Journal, 1996, 108(2): 43-55.

[15] Sousa J B, Pereira F L, Silva E P D. A dynamically configurable architecture for the control of an autonomous underwater vehicle[C]. Proceedings of the Intelligent Vehicles' 94 Symposium, Paris, France, 1994: 520-525.

[16] Sousa J B, Pereira F L, Silva E P D, et al. On the design and implementation of a control architecture for a mobile robotic system[C]. Proceedings of IEEE International Conference on Robotics and Automation, Minneapolis, MN, USA, 1996, 3: 2822-2827.

[17] Arkin R C. Motor schema-based mobile robot navigation[J]. The International Journal of Robotics Research, 1989, 8(4), 92-112.

[18] Connell J H. SSS: a hybrid architecture applied to robot navigation[C]. Proceedings of IEEE International Conference on Robotics and Automation, Nice, France, 1992, 3: 2719-2724.

[19] Volpe R, Nesnas I, Estlin T, et al. CLARAty: coupled layer architecture for robotic autonomy[R]. California: Jet Propulsion Laboratory, Institute of Technology, USA, 2000.

[20] Volpe R, Nesnas I, Estlin T, et al. The CLARAty architecture for robotic autonomy[C]. Proceedings of IEEE Aerospace Conference Proceedings, Big Sky, MT, USA, 2001.

[21] Ridao P, Batlle J, Amat J, et al. Recent trends in control architectures for autonomous underwater vehicles[J]. International Journal of Systems Science, 1999, 30(9): 1033-1056.

[22] Valavanis K P, Gracanin D, Matijasevic M, et al. Control architectures for autonomous underwater vehicles[J]. IEEE Control Systems, 1998, 17(6): 48-64.

[23] 徐威, 刘凯, 孙银健, 等. 开放式模块化的无人平台体系结构[J]. 计算机应用, 2014(S1): 301-305.

[24] Marino A, Parker L E, Antonelli G, et al. A decentralized architecture for multi-robot systems based on the null-space-behavioral control with application to multi-robot border patrolling[J]. Journal of Intelligent & Robotic Systems, 2013, 71(3-4): 423-444.

[25] Payton D W. An architecture for reflexive autonomous vehicle control[C]. Proceedings of IEEE International Conference on Robotics and Automation, San Francisco, CA, USA, 1986: 1838-1845.

[26] Insaurralde C C. Autonomic computing technology for autonomous marine vehicles[J]. Ocean Engineering, 2013, 74: 233-246.

[27] Insaurralde C C. Autonomic computing management for unmanned aerial vehicles[C]. Proceedings of IEEE/AIAA 32nd Digital Avionics Systems Conference, East Syracuse, NY, USA, 2013.

[28] Insaurralde C C. Autonomic management for the next generation of autonomous underwater vehicles[C]. Proceedings of IEEE/OES Autonomous Underwater Vehicles, Southampton, UK, 2012.

[29] Insaurralde C C, Vassev E. Software specification and automatic code generation to realize homeostatic adaptation in unmanned spacecraft[C]. Proceedings of the 7th International Conference on Computer Science and Software Engineering, Montreal, QC, UK, 2014: 35-44.

[30] Gat E. Three-layer architectures[M]// Kortenkamp D, Bonasso R P, Murphy R. Artificial intelligence and mobile robots: case studies of successful robot systems. Cambridge, MA, USA: The MIT Press, 1998.

[31] Gat E. Integrating reaction and planning in a heterogeneous asynchronous architecture for mobile robot navigation[J]. ACM SIGART Bulletin, 1991, 2(4): 70-74.

[32] Georgeff M, Lansky A L, Schoppers M J. Reasoning and planning in dynamic domains: an experiment with a mobile robot, technical note 380[R]. Menlo Park, California: Representation and Reasoning Program, USA, 1987.

[33] Georgeff M P, Lansky A L. Reactive reasoning and planning[C]. Proceedings of the 6th National Conference on Artificial Intelligence, Seattle, WA, USA, 1987: 677-682.

[34] Lyons D M, Hendriks A J. Planning as incremental adaptation of a reactive system[J]. Robotics and Autonomous Systems, 1995, 14(4): 255-288.

[35] Lyons D M, Arbib M A. A formal model of computation for sensory-based robotics[J]. IEEE Transactions on Robotics and Automation, 1989, 5(3): 280-293.

[36] Botti V J, Carrascosa C, Julian V, et al. Modelling agents in hard real-time environments[C]. Proceedings of the 9th European Workshop on Modelling Autonomous Agents in a Multi-Agent World: Multi-Agent System Engineering, Berlin, Germany, 1999: 63-76.

[37] Hernandez L, Botti V, Garcia-Fornes A. A deliberative scheduling technique for a real-time agent architecture[J]. Engineering Applications of Artificial Intelligence, 2006, 19(5): 521-534.

[38] Beaudry E, Brosseau Y, Côté C, et al. Reactive planning in a motivated behavioral architecture[C]. Proceedings of The 20th National Conference on Artificial Intelligence, Pittsburgh, Pennsylvania, USA, 2005: 1242-1247.

[39] Doherty P, Haslum P, Heintz F, et al. A distributed architecture for autonomous unmanned aerial vehicle experimentation[C]. Proceedings of the 7th International Symposium on Distributed Autonomous Robotic Systems, Toulouse, France, 2004: 233-242.

[40] Wu M, Cao W H, Peng J, et al. Balanced reactive-deliberative architecture for multi-agent system for simulation league of RoboCup[J]. International Journal of Control, Automation, and Systems, 2009, 7(6): 945-955.

[41] Rubilar F, Escobar M J, Arredondo T. Bio-inspired architecture for a reactive-deliberative robot controller[C]. International Joint Conference on Neural Networks, Beijing, China, 2014: 2027-2035.

[42] Simmons R G, Krotkov E. An integrated walking system for the Ambler planetary rover[C]. Proceedings of IEEE International Conference on Robotics and Automation, Sacramento, CA, USA, 1991: 2086-2091.

[43] Goodwin R, Simmons R G. Rational handling of multiple goals for mobile robots[C]. Proceedings of the First International Conference on Artificial Intelligence Planning Systems, San Francisco, CA, USA, 1992: 70-77.

[44] Mitchell T M. Becoming increasingly reactive[C]. Proceedings of the 8th National Conference on Artificial Intelligence, Boston, Massachusetts, USA, 1990: 1051-1058.

[45] Nilsson N J. Artificial intelligence: a new synthesis[M]. 北京: 机械工业出版社, 1999.

[46] Albus J S, Quintero R, Lumia R. The NASA/NBS standard reference model for telerobot control system architecture（NASREM）, NIST Technical Note 1235[R]. Gaithersburg, MD: U. S. National Institute of Standards and Technology, 1989.

[47] Murphy R R. Introduction to AI robotics[M]. Cambridge, Massachusetts: The MIT Press, 2000.

5

通用化体系结构

在 2000 年左右,对体系结构的研究重点悄然从强调机器人的能力转变为强调机器人的开发、维护和升级。体系结构的发展由传统体系结构阶段过渡到现代体系结构阶段。本章首先分析通用化体系结构出现的原因,包括传统体系结构的不足和改进的思路;然后详细介绍四维实时控制系统(4-dimensional/real-time control system, 4D/RCS)体系结构和基于自主基元的体系结构;接着简要介绍其他的通用化体系结构;最后对标准化问题进行讨论。

5.1 通用化体系结构的提出

如前所述,混合式体系结构使系统在快速反应的同时兼具规划推理的能力,从而较好地解决了机器人能力方面的问题。然而,随着机器人使命难度的提高、需求量的增长、分工的细化和交流合作的增加,传统体系结构在机器人开发、维护和升级过程中的复杂性问题却逐渐显现出来。

5.1.1 传统体系结构的不足

一般的,传统体系结构遵循如何根据"职责"把控制系统软件分解成不同模块的指导原则。例如,系统自底向上包含传感器数据采集、执行器动作控制、故障诊断、导航、运动控制、情景评价、任务规划、使命管理、使命规划等模块,此外还包含与所有模块相连的全局数据库、数据记录等模块。为了方便后面的阐述,这里我们对两个名词进行定义:

控制——指上层模块指挥下层模块完成相应指令的过程。

管理——指上层模块监控下层模块的健康状态、指令完成进度等的过程。

在传统体系结构下,系统各部分的控制和管理是分离的[1]。第一,传感器数据采集和执行器动作控制模块分别负责传感器和执行器的控制,而故障诊断模块则负责传感器和执行器的管理。第二,运动控制模块负责载体机动的控制,而导航和故障诊断模块则负责载体机动的管理。第三，任务规划和使命规划模块分别负责载体的任务/使命控制，而情景评价和使命管理分别负责载体的任务/使命管理。因此，哪怕只有一个传感器或者执行器发生变化，那么传感器数据采集、执行器动作控制、故障诊断等模块因为负责所有传感器和(或)执行器的控制和管理，将不得不进行相应的修改。此外，这种变动还会自下而上地传导，使系统中几乎所有的模块都需要进行适当的变动。

这种将类似的操作放到一起构成一个功能模块的组织形式虽然符合人们的思维习惯，但它却导致了对同一个资源的控制和管理的分离，这是一种典型的面向过程的风格，不利于系统的修改、升级和扩展。就好比一家生产若干种产品的公司，根据工人职责的不同设置了原料采购部门、加工生产部门、产品检验部门、销售部门等。当公司需要增加、减少或者调整产品种类的时候，上述部门都必须进行相应的调整以适应公司决策的变化。

5.1.2　改进的思路

试想，如果公司的结构是按照产品的类别来组织的，即每个产品大类对应于一个部门，有自己的采购、生产、检验和销售小组，那么当增加、减少或者调整产品种类的时候，只需要相应地增设、裁撤、调整对应的部门，其他的部门不需要做任何的变动。既然公司采用"面向产品"的组织结构可以提高其对产品变化的适应性，那么机器人的控制系统也可以采用类似的组织形式来提高自身的灵活性。其实，除了机器人控制系统之外，一些大型复杂系统也曾经存在着类似的问题并采用类似的思路使问题得到完美的解决[2,3]。为了更加具体地讨论这个问题，下面以 IBM 公司针对大型分布式信息系统管理复杂性的处理方案为例进行简要介绍。

随着计算机技术的不断发展和应用普及以及网络和分布式系统的增长及改变，计算机软件系统结构和计算机组织结构的复杂性不断增加，大规模、开放、异构、动态的信息系统不断涌现。很多企业花费数十年的时间不断建造越来越复杂的计算机系统以期解决各种各样越来越复杂的商业问题。在这样的系统中，高层商业目标、系统结构和环境等均会不断发生变化，因此，客观上要求系统能够动态地适应这些变化以实现特定的目标，包括资源的动态配置、服务的动态合成、系统参数的动态校正等。然而，讽刺的是，计算机系统的复杂性本身已经成为企业急需解决的问题：IT 企业通常要花费高出设备成本 4～20 倍的管理费用，而且，仅靠 IT 专家和技术人员的努力越来越难以驾驭开放、动态和异构的信息系统。在这样的背景下，如何解决日益突出的大型分布式信息系统管理复杂性问题和提高系统可靠性、可用性和容错能力就成为 2000 年左右的研究热点[4,5]。

针对这个问题，IBM 公司的研究者在人体神经系统的启发下于 2001 年 10 月首先提出了自主计算的概念[6]。其主要思想是把那些原本应由 IT 管理者完成的系统管理工作交给机器来完成，使管理者可以专注于制定高层的策略。即通过"技术管理技术"的手段来隐藏系统复杂性，使得系统能够在 IT 管理者制定的管理策略的指导下实现"自我管理"。在自主计算系统中，可以将 IT 管理者比作"大脑"，他无法也无须"意识"到信息系统如何调节其内部行为，而只需指定高层的管理策略（相当于大脑产生的各种情绪，如爱、恨、高兴、恐惧等）；自主的信息系统则可以比作"自主神经系统管理下的人体内脏系统"，它在高层策略的指导下实现状态觉察，并自主地保持系统的动态平衡[4]。

在自主计算学科内，自动化一般狭义地针对控制本身而言，也就是说，自动化指的是控制的自动化，而自主指的是管理的自动化。那么，在原来的系统中，对被管资源（硬件设备和软件服务等）的控制和管理是分开的。被管资源能够机械地执行指令、完成指定的操作，但是对它们的管理却全部由人来完成，因而它们是自动化的，但不是自主的。在采用自主计算方法之后，通过在被管资源上添加一个自主管理基元，使得大部分管理工作的执行者由人变为了系统本身，即对被管资源的控制和管理被封装到了一起，使原本只具有自动化能力的系统同时还具有了自主的能力。

与之相比，自主机器人需要在无人干预或者弱干预的情况下执行长时间的使命，因此绝大部分的自主机器人不仅具有自动化能力还具有自主能力。例如，系统中的故障诊断和处理、任务/使命管理等模块说明了自主机器人是自我管理的。但遗憾的是，传统的体系结构采用了按照"职责"进行划分的组织形式，其直接的结果就是对被管资源（智能机器人中的被管资源指传感器、执行器、子系统等）的控制和管理被分散在不同的模块中。因此，虽然自主机器人是自主的，但这仅仅体现在载体层面上，系统中的每一个元素却未必具有自主能力。为此，可以将对每一个被管资源的控制和管理提取出来，封装到相应的元素中，使每一个元素都具有一定的自主能力，然后通过各个元素的组合构成系统。

5.1.3　通用化体系结构的特点

通用化体系结构强调控制系统软件框架对不同应用场景、不同硬件设备的适应性，以及控制系统在开发、维护和升级过程中的便利性。它的最大特点在于它提取了系统中所有节点的公共特征，包括数据采集与分析、决策生成、通信、时序等，将其抽象成通用控制节点。提供这些通用特征的控制节点可以用来定义各个层次中的各个组织单元。在系统的开发过程中，每个特定的节点可以通过嵌入与层次和职责相关的算法和知识来实现特定的功能。

通用化体系结构利用通用控制节点的层次化组织的原则来构建控制系统。因为每个通用控制节点都实现了对被管资源控制和管理的结合，因此节点之间的关联大幅减少。它们就像工业零件一样，经过相对简单的拼接，就可以构成整个系统。而且，它们具有较强的平台独立性，便于实现软件重用和技术转移。

此外，类似于工业化生产中的工业标准，为了实现控制节点的通用性，需要一系列的标准对节点的开发进行规范。因此，通用化体系结构在设计过程中需要考虑节点接口等标准化问题。

5.2　4D/RCS 体系结构

4D/RCS 体系结构[7,8]是由来自美国国家标准与技术研究所(National Institute of Standards and Technology, NIST)的 Albus 等提出的。该体系结构最初是为美国陆军研究实验室的 Demo III 项目开发的，用于支持无人地面机器人智能软件系统的设计、实现、集成和测试。进一步，设计者期望它的升级版能够在美国陆军未来作战系统的框架下，为各种各样的无人机、载人机和传感器(地面、空中以及水陆两用)整合成一个有效的作战体系提供便利。4D/RCS 体系结构的另一个目标是达成一个广泛认可的逻辑框架用于刻画无人系统的自主，包括自主的层次、使命复杂性、环境复杂性等问题。此外，它还用于提供规范、评价和开发无人系统自主能力的标准定义、评价准则和方法，并期望能够便于从业者之间的交流。

4D/RCS 将 NIST 的实时控制系统(real-time control system, RCS)[9]与德国慕尼黑联邦国防大学的 Vamors 4D 动态机器视觉方法[10]相结合，并吸收了美国国防部 Demo 项目中获得的提高机器人自主性的许多理念。从科学的角度来看，4D/RCS 借鉴了多个领域的理论，包括认知心理学、符号学、神经科学和人工智能等。从应用的角度来看，它包含了来自多个领域的理念和技术，包括控制理论、运筹学、博弈论、模式识别、图像理解、自动机理论等。4D/RCS 还采纳了许多软件工程的技术，包括面向对象、重用、互用性、基于组件的软件、软件规范、测试和形式化模型。

5.2.1　4D/RCS 概述

4D/RCS 在三个不同的概括层面上处理智能控制的问题，分别是：①概念框架；②参考模型体系结构；③开发指南。这三个层面是由概括到具体，逐步细化的。也就是说，上层塑造了下层。概念框架为参考模型体系结构提供了整体的结构形式，参考模型体系结构为开发指南提供了工程指引。如果在实现过程中开发指南需要修改，那么它的修改必须在不改变参考模型体系结构的情况下进行，因为与参考模型保持一致可以确保开发指南之间彼此兼容。

1. 概念框架

在最抽象的层面上，4D/RCS 提供了一个概念框架用于解决智能机器人系统的一般性问题。概念框架概括了智能机器人系统如何在人类指挥官的监控下、在人造或者自然环境中实现使命目标，并指示了机器人系统如何被集成到任意军事指挥和控制结构中。

智能机器人需要处理的事务在时空范围上存在着很大的跨度，小到毫秒时间、毫米距离内的操作，大到以小时和千米为单位的规划。为了涵盖不同时空范围内的活动，4D/RCS 采用了一个多层次的体系结构，在不同的层次上采用了不同的时空范围和精度。

为了使智能机器人可以分析过去、感知现在、规划未来，4D/RCS 融合了功能单元的描述、知识的表示、信息在系统中的流动。系统可以评估事件和规划的代价、风险和收益，并智能地选择最佳的行动计划。

4D/RCS 为操作人员的参与提供了一个接口，这使它适用于任意自主程度的机器人系统，从手动遥控到完全自主。为了应对作战过程中作战单位的添加、移动或损毁，4D/RCS 还允许组织结构在运行过程中实时动态地重新配置。

2. 参考模型体系结构

在概念框架之下是参考模型体系结构，它是 4D/RCS 体系结构的核心。4D/RCS 参考模型体系结构中的每一层都由若干个通用控制节点组成，每个节点的功能类似于军事组织中的某个作战单位。这使 4D/RCS 体系结构能够直接与军事指挥和控制组织相对应，使智能机器人能够应用到军事组织中。

4D/RCS 是一个混合式体系结构，具有慎思（推理和规划）和反应（对紧急情况快速响应）的能力。在体系结构的每个节点中，慎思规划接收高层的任务，分解成子任务并分发给下层；反应式控制根据下层执行的偏差修改规划，或者对意外情况做出快速响应，使目标可以顺利完成。在每个节点中，感知处理对来自下层的观测进行滤波和处理，将检测到的事件、识别的物体、分析出来的情形连同自身状态一起汇报给上一层。此外，每个节点还包含一个世界模型和一组价值判断函数，它们在感知处理和行为生成中发挥着十分重要的作用，使智能系统能够分析过去、规划未来，在未知环境和充满不确定性事件的情形下有效地工作。

3. 开发指南

在更低的概括层次，4D/RCS 是一个用于构想、设计、实现、集成和测试软件系统的方法，它为开发特定的智能机器人控制软件提供开发指南。智能机器人系统一般由传感器、执行器、导航和驾驶系统、通信系统、使命包、载荷系统组成，并由一个智能控制器控制。开发指南定义了智能机器人应该如何配置，阐明了系统开发过程中需要解决的工程问题，使智能机器人在认知能力、反应能力、灵活性、可靠性等方面接近人类的表现。

4D/RCS 开发指南需要解决的问题包括以下类别：

(1) 在道路上和在道路外的导航和驾驶；

(2) 对操作人员的指令和请求的回应；

(3) 在充满不确定性的战场环境中使命目标的完成；

(4) 执行战术行为时与友方成员的协作；

(5) 对敌对目标的恰当反应；

(6) 快速、有效、机敏地应对障碍和未预料的事件。

5.2.2 4D/RCS 参考模型体系结构

4D/RCS 体系结构为军用无人机提供了一个参考模型，主要聚焦于无人机的软件模块应该如何划分和组织。该体系结构最大的特点在于它首次提出了通用控制节点的概念，并通过通用控制节点的层次化组织来实现整个控制系统。系统通过所有的控制节点及其之间的交互来确保使命可以被智能地、有效地、协调地分析、分解、分配、规划和执行。为了实现这个目标，通用控制节点中提供了良好定义且高度协调的内部模块以及相关的接口。

1. 通用控制节点

体系结构中的每个节点都是一个目标驱动、基于模型的闭环控制器。它包含 4 个单元，分别是感知处理、世界环境建模、价值判断和行为生成，如图 5.1 所示。

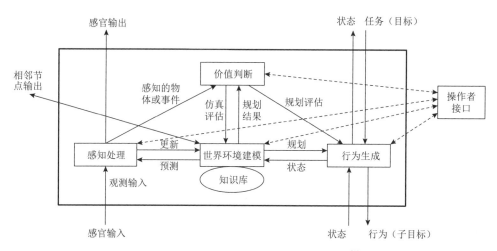

图 5.1　4D/RCS 体系结构的通用控制节点[8]

在通用控制节点中，行为生成单元接收上层的任务，把它分解成子任务序列，分发给下层相应的节点，并对其执行过程进行协调和控制。感知处理单元对来自下层的观测进行检测、测量和分类，提取有用的实体和事件及其属性，并向上层汇报。世界环境建模单元包含一个详细的动态世界模型，该模型的时空范围和精度与节点中感知处理和行为生成的需求是一致的。一方面，世界模型可以模拟备选行为的结果，这使行为生成单元能够生成最佳的规划；另一方面，世界模型提供了对未来状态的预测，使感知处理单元可以实现关联、比较、滤波等操作。价值判断单元计算检测到的物体和事件的置信度和重要性、评估备选行为的可行性及其对应的代价、奖励或惩罚。上述 4 个单元的内容将在 5.2.3～5.2.6 小节中详细介绍。

通用控制节点中的每个功能单元都可以有一个操作者接口。该接口使操作人员能够输入命令、覆盖或修改系统行为、执行各种遥控操作、切换控制模式(例如自动、遥控操作、单步、暂停)以及观察状态变量、图像、地图和实体属性的值。操作者接口也可用于节点的编程、调试和维护。

每个通用控制节点都是一个增广有限状态自动机(finite state automaton, FSA)，它在时钟或其他事件触发时执行一次迭代。当被触发时，每个节点从其输入缓冲区读取数据，执行状态转换，调用计算过程，写入其输出缓冲区，存储其新状态，并等待直到下一次触发。

节点之间的所有通信都是以消息的形式进行，并由称为中性消息语言(neutral message language, NML)的通信进程承载。NML 建立和维护一组邮箱，允许 4D/RCS 节点相互通信。NML 支持多种通信协议，包括共享内存、点对点消息传递、排队或覆盖消息传递，并且支持阻塞或非阻塞读取机制。典型的 NML 消息由唯一标识符、大小和消息体组成。NML 可以配置为在单台计算机或多台计算机、单板或多板上的模块之间提供通信服务。

2. 4D/RCS 体系结构

4D/RCS 是由通用控制节点组成的多层/多分辨率的体系结构。在较高层次上，它们实现了面向目标定义的慎思式行为；而在较低的层次上，这些节点生成了寻找目标的反应式行为。

在 4D/RCS 体系结构中，每个层次的作用是在几何级数递减的时空范围内细化任务。通过分级的处理结构，所有的行为生成单元构成了一个指令树，控制指令自上而下传递，高层、更全局的任务被分解成并行的更局部、更高精度的任务线。与之相反，感知数据沿着层次体系向上传递，较小的、较精细的实体局部和子事件被组合成较大的、较粗略的完整实体和事件。因此，高层的时间与空间的处理范围大且分辨率低，而低层的时间与空间的处理范围小且分辨率高。这限制了所有层次所有节点的职责和计算负担，使任意复杂的系统中都没有节点会发生计算过载。

图 5.2 是一个典型的单机器人的 4D/RCS 参考模型体系结构。在伺服层，发送给执行器组的指令被分解为单个执行器的控制信号；在基础层，多个执行器组之间彼此协调以实现执行器组之间的动态交互；在子系统层，子系统内部的所有单元都将被协调，规划需要考虑的问题包括躲避障碍、锁定并盯紧目标等；在载体层，载体中所有的子系统都将被协调来产生战术行为；在更高的层次，多个载体被协调来产生联合战术行为。

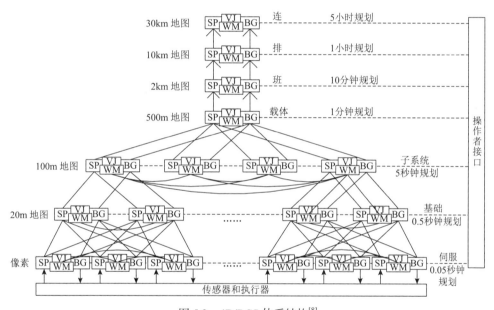

图 5.2　4D/RCS 体系结构[8]

SP-感知处理；BG-行为生成；WM-世界环境建模；VJ-价值判断

图 5.2 中显示在右边的时间表示对一个智能机器人而言恰当的规划时长。对于其他类型的系统，可能采用不同的数值。左边地图的尺度表示在对应层次世界模型中地图的范围。地图中像素的数量一般是固定的，因此在越高层中，地图的分辨率越低。

图 5.2 中，在载体节点之上还有三层控制节点。这三个额外的层次表示了存在于载体之上的一个代理控制链。因为载体之间是物理分离的，它们只能通过一个较低的带宽和经常不可靠的信道偶尔进行联系，所以有必要让每个载体携带上层控制节点的备份，代理控制链中它的上层的功能。控制链中的代理起到 4 个方面的作用。第一，当载体与上级断开连接时，它为载体提供一个估计：假设它与

上级还能直接通信，它的上级可能给它发布什么样的指令。第二，在某些必要的情况下，它使载体可以去假设它的上级的职责。第三，它提供了一个自然的接口，使人类指挥官能够在一个与任务相对应的层次与载体进行交互。第四，它使每个载体能够专注于一个独立的节点，来处理每个更高层次的任务。

5.2.3　行为生成

　　行为生成单元接受上层的任务指令，制定和(或)选择规划并控制其执行，以最小的代价和最大的收益，最大可能地达成给定的目标。它调用世界环境建模提供的先验任务知识，使用价值计算功能，连同实时信息一起来寻找工具和资源的最佳分配方案，制定最佳的行动时序安排，最终生成从起始状态到目标状态的最有效规划。

　　在系统中存在着两种规划：第一种是用于载体运动的路径规划，第二种是用于战术行为的任务规划。一个典型的路径规划包含地图上的一系列路径点；而一个典型的任务规划包含一系列的指示或者规则，它描述了一个行动或者子目标的序列。两种规划都可以表示为增广状态图(或者状态表)，它们定义了一系列的子任务或子目标，由规划中的每个行动来实现。

　　行为生成单元通过前馈规划和反馈误差补偿来实现制定目标。一个典型的控制法则可以表示为式(5.1)，其线性化形式如式(5.2)所示：

$$u = g(u_{ff}, x_d, x^*) \tag{5.1}$$

$$u = u_{ff} + G(x^* - x_d) \tag{5.2}$$

式中，u 是最终生成的控制行动；g 是描述如何根据上层的任务指令和当前状态与期望状态的偏差来生成控制行动的函数；u_{ff} 是前馈控制行动；x_d 是期望的世界状态；x^* 是当前的世界状态；G 是应用于世界环境的期望和预测状态偏差的反馈补偿矩阵。

　　在一些简单的情况下，前馈控制行动可以通过求解系统模型的逆并代入期望目标来获得。但在复杂系统中，世界模型的逆一般无法得到，前馈控制行动只能通过规划的方式来求解。

　　行为生成单元的内部结构如图 5.3 所示。它包含一个行为规划器和一组执行子单元。行为规划器可以进一步分解成任务分配子单元、时序调度子单元和规划选择子单元。

　　1. 任务分配子单元

　　任务分配子单元把输入的任务进行分解，同时它还是时序调度子单元、执行子单元和下层的任务分配子单元的监视者。任务分配子单元的作用包括以下 4 个方面：

(1) 接收来自上层的任务指令；

(2) 将任务指令分解成工作集合，并分配给时序调度子单元和执行子单元；

(3) 执行坐标变换，将待分配的工作转换到执行工作单元的坐标系下；

(4) 为每个下级单元分配资源，使它们能够完成被分配的工作。

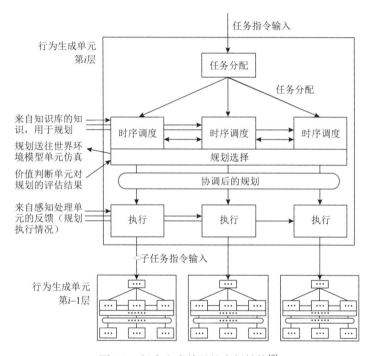

图 5.3　行为生成单元的内部结构[8]

2. 时序调度子单元

每个时序调度子单元都有一个与之配对的执行子单元。时序调度子单元接收任务分配子单元的工作，计算一个调度时序，并提供给与它配对的执行子单元。时序调度子单元可能需要彼此交互来协调它们的行动或者目标的顺序，它还可能与任务分配子单元或者相邻的时序调度子单元协调共享的资源来解决冲突。

3. 规划选择子单元

任务选择子单元与世界环境建模单元(用来规划仿真)和价值判断单元(用来规划评价)一起，选择最佳的整体规划，传递给执行子单元。

4. 执行子单元

每个执行子单元服务于一个下层行为生成单元，它发布子任务指令、监视子任务进展情况，对规划的预期结果和实际结果之间的偏差进行补偿和矫正。当目标达成时，执行子单元检测并执行规划中的下一个任务和目标。执行子单元还采用一个实时知识库对紧急情况进行快速反应。

5.2.4 感知处理

感知处理是将感知数据与先验知识相结合以检测或识别关于世界的有用信息的过程。它在不同的层次执行范围选择、分组、计算、滤波、分类或识别，并将观测到的特征和属性与内部模型的预测值进行对比。其中，观测值与预测值之间的关联被用于检测事件、识别实体和情形，而它们之间的偏差被用于更新内部模型。

1. 接收传感器信号

感知处理单元接收传感器的信号，这些信号测量外部世界的属性或者系统自身的内部条件。描述传感器信号如何依赖于世界状态、控制行动和传感器噪声的方程组被称为测量模型。一个典型的测量模型及其线性化形式分别如式(5.3)和式(5.4)所示：

$$y = H(x, u, \eta) \tag{5.3}$$

$$y = Cx + Du + \eta \tag{5.4}$$

式中，y 是传感器信号；x 是世界状态；u 是控制行动；η 是传感器噪声；H 是将传感器信号与世界状态、控制行动和噪声相关联的函数；C 是确定传感器信号如何依赖于外部世界状态的矩阵；D 是确定传感器信号如何依赖于控制行动的矩阵。

2. 数据处理

感知处理单元对感知数据进行范围选择、分组、滤波、比较、分类或识别，把它们解释为实体、事件、情形，并与现实世界中的实体、事件和情形对应。感知处理单元的输出提供给世界环境建模单元来确保知识库的即时更新。感知处理的过程包含以下 5 个基本的处理函数。

(1)范围选择[windowing，与之相反的操作是掩膜(masking)]函数选择感兴趣的空间区域和(或)时间片段。在这个范围内的传感器输入将被感知处理加工，而在这个范围之外的输入可能被忽略或者去除。被选定的形状、位置、时间段是由一个注意力函数决定的。注意力函数基于以下条件来选择感兴趣的区域：①与行为生成单元声明的任务相关；②包含特殊的实体或者事件，这类实体或者事件包含与预期不一致的属性，被判定为危险的或者值得关注的。

(2)分组(grouping)函数将子实体(或者子事件)集成或者组织为实体(或者事件)。分组把图像分割成可以赋予实体标记或者名字的区域，并把时间分割成可以赋予事件标记或名字的间隔。所有的特定分组都是基于一些启发式的假设，例如近邻性、近似性、连续性、对称性等。通过评价基于分组假设的预测与后续观测数据的匹配程度，分组假设可以被接受或拒绝。

(3)计算(computation)函数计算实体和事件的属性。事件的属性(例如频率成分、波形、持续时间、运动的时间模式等)可以在事件的整个持续时间内被集成。实体属性(例如位置、速度、朝向、区域、形状、颜色)可以通过集成子实体的属性来计算。

(4)滤波(filtering)函数可以降低噪声并增强信号的质量。实体属性的计算值可以通过递归估计来滤波。这起到两个作用：第一，它基于预测和观测值的关联和偏差计算实体属性值的一个最佳的估计；第二，递归估计为观测和估计的属性值生成统计属性，例如置信因子等，这可以被用于判定(接受或者拒绝)分组函数中关于实体的分组假设。

(5)分类[classification，或者识别(recognition)]函数将已被证实的实体匹配到实体类原型。分类通常指把一个观测到的实体归类到一个一般实体类。识别通常指把一个观测到的实体归类到一个特定的实体类中。

3. 感知处理与任务的关系

感知处理常常与行为生成单元中的任务有紧密的联系。正在规划和执行的任务目标至少在以下三个方面影响感知信息的处理：

(1)任务知识影响注意力范围的选择。那些可能包含重要信息的区域将被选择并加以处理，反之则被屏蔽或者忽略。

(2)任务知识影响执行分组功能的假设选择。那些支持规划行为的分组假设将被优先考虑。

(3)任务知识定义了一组与任务相关的预期实体、事件和情形。这产生了一系列预期的实体和事件，缩小了观测实体和实体类之间匹配的搜索。

5.2.5　世界环境建模

世界模型是世界环境的内部表示。它是动态的、多精度的，并且分布在所有的控制节点中。在每一层，状态变量、图像、地图等以适应于该层次的精度进行存储。从高层到低层，随着精度按几何级数提高，计算的范围呈几何级数缩小。

同样，随着时间分辨率的提高，专注的时间段也变窄。

世界模型包含以下内容：①部分环境、图像、地图的模型；②实体、事件、智能体的模型；③规则、任务知识、抽象数据结构和表示关系的指针；④智能系统本身的系统模型。其中，系统模型是一组微分或者差分方程，它们预测一个系统将如何响应一个给定的输入。系统模型的方程及其线性化形式如式(5.5)和式(5.6)所示：

$$\dot{x} = f(x, u, \gamma) \tag{5.5}$$

$$\dot{x} = Ax + Bu + \gamma \tag{5.6}$$

式中，x 是系统的状态；$\dot{x}$ 是系统状态的变化率；u 是控制行动；γ 是系统噪声；f 是定义系统状态如何随控制行动变化的函数；A 是定义在没有控制行动输入的情况下系统状态如何随时间演化的矩阵；B 是定义控制行动如何影响系统状态的矩阵。

每个控制节点中的世界环境建模单元负责构建和维护世界模型，并使用世界模型来支持行为生成和感知处理的实现，它的作用可以归纳为以下 4 个方面。

(1)维护和更新知识库中的信息，使它保持最新和一致。①基于世界模型的预测值和感知观测值的相关性和偏差，更新知识库中的状态估计；②添加新检测到的实体，并删除不复存在的实体；③更新图像和符号框架表示，并执行图像和符号表示的相互转换；④维护定义实体、事件、图像和地图之间的语义和程序关系数据结构的指针。

(2)预测。①生成预期的感知观测，使感知处理单元能够执行关联和预测滤波；②使用符号化表示、图标图像、掩膜和范围选择来支持可视化、注意力和模型匹配。

(3)回复查询。①对来自行为生成单元(规划子进程和执行子进程)的查询进行回复；②具有推理的能力，用于计算未存储在知识库中的信息；③把信息转换到指定的坐标系统下。

(4)仿真。①基于世界状态的估计和备选的规划行动来模拟可能出现的结果。该结果由价值判断系统来评估，从而选择最佳的规划来执行。②使用系统模型的逆来求解生成期望结果所需的行动。

5.2.6 价值判断

价值判断是一个过程，它执行以下工作：①计算规划行动的成本、风险和效益；②估计物体、事件和情形的重要性和价值；③评估信息的可靠性；④计算感知状态和事件的奖励或惩罚效果。

价值判断单元计算行为的代价函数，从而支持智能行为的选择。价值判断单元定义了行为的优先级，设定了风险范围，并确定一个系统在追求它的目标时应该更激进还是更保守。

价值判断单元计算感知处理单元识别的物体、事件和情形的价值。例如，赋予友方物体上的值可能定义它们多有价值、多容易受到攻击或者它们需要被防御或者解救的程度；赋予敌方物体上的值可能定义它们有多危险或者它们对于载体自身可能有多大的攻击性；赋予某个区域或者空间的值可能表示占领该区域有多安全或者多危险，或者穿越它需要多大的代价，或者这个空间区域的价值多大，是否值得防御或者占领。

价值判断单元可能基于观测和预测的相关性和偏差计算世界信息可靠性的统计值，为状态变量、识别的物体和事件等分配置信因子。价值判断单元还计算什么是重要的(用于聚焦)和什么会被奖励或者惩罚(用于学习)。

5.2.7 4D/RCS 体系结构的讨论

4D/RCS 体系结构与 NASREM 体系结构(详见 2.3.1 小节)都是由 Albus 等[8,11]提出的，对比图 2.2、图 5.1 和图 5.2 可以发现，它们之间存在着许多相似的地方。第一，它们都采用分层的方式来化解系统的复杂性，并且每一层的任务是相似的(忽略图 5.2 中的最高两层)；第二，系统中的每一层都包含感知处理、世界环境建模、行为生成单元(NASREM 体系结构中称为感知处理、世界模型、任务分解模块)，且这三个单元的功能和内部结构是十分接近的；第三，虽然 4D/RCS 体系结构多了一个价值判断单元，但它的内容并不是新增的，而是从 NASREM 体系结构中的世界模型模块抽取并独立出来的。

但是，二者的组织方式是不同的(详见 5.1 节)，主要原因在于它们的侧重点不同。NASREM 体系结构是在 20 世纪 80 年代中期提出的，当时机器人的研究重点是机器人的能力。而 4D/RCS 体系结构是在 2000 年左右提出的，此时已开始强调系统的开发。4D/RCS 体系结构对系统开发的支持主要体现在以下两个方面。

(1)软件重用。4D/RCS 体系结构为控制软件设计者提供了解决问题的框架。层次化分解方法帮助设计者分解问题，并将职责分配给软件模块。通用控制节点的主要单元，它们的职责、相互关系，可以为设计者和开发者提供最基本的帮助。这可以被看作软件设计的重用。

通用控制节点为层次化控制结构提供了一般性的计算模型,包括接口和通信。系统的开发可以分解为两个步骤：①利用通用控制节点及其接口来构建整个控制系统的框架；②将具体应用相关的行为或者处理算法嵌入系统框架中，并填充它们之间的接口模板。

许多基于 4D/RCS 体系结构的软件工具已经被开发，可以用于系统的构建、测试和评价[12,13]。设计者可以使用这些工具来创建系统并对层次、时序、接口等进行详细设置。从而，一个与 4D/RCS 体系结构兼容的软件模块程序库可以向开发者开放，开发者可以根据程序库进行直接组装、扩展或者定制。

(2)互操作性和开放系统。复杂、智能机器人系统一般包括由多个开发小组提供的软件模块。模块和接口标准对于系统的集成十分关键。4D/RCS 体系结构指定了控制节点的功能和接口，为标准的开发和应用提供了一个详尽的框架。反过来，这也提供了一个开放的系统使模块和子系统能够方便的集成。

5.3 基于自主基元的体系结构

基于对传统体系结构不足的分析以及对自主计算思想的借鉴(详见 5.1 节)，我们在 2010 年提出了基于自主基元的体系结构[14-16]。首先，我们构造出一个类似于自主管理基元的通用化节点，称之为自主基元(autonomic element, AE)。接着对自主基元的内部结构及其运行流程进行详细的设计。在完成自主基元的构造之后，通过自主基元的层次式组合形成一个 AUV 的体系结构。

5.3.1 自主基元的构建

在自主计算中，IBM 公司将自主管理基元的智能控制循环分为 4 个步骤：监视、分析、规划和执行。我们认为，可以将"监视"和"分析"合并为"感知"，将"规划"和"执行"合并为"决策"。因此，系统中每一个自主基元的工作机制都可以归纳为两个步骤：首先，感知它所管理资源的运行情况，即获取、分析、估计资源的状态；然后，根据感知的结果与期望值的差来决定下一步应该对资源进行的操作。也就是说，每一个自主基元都包含了一个"感知-决策"闭环。据此构建的自主基元如图 5.4 所示。

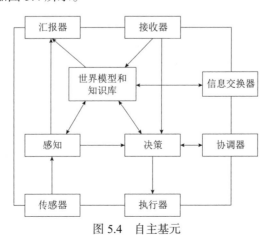

图 5.4 自主基元

除了感知和决策之外，世界模型和知识库也是自主基元的重要构成部分。世界模型和知识库不仅保存感知所获得的资源状态，它还提供关于资源的先验知识，感知和决策利用这些先验知识实现对资源的管理。自主基元还包含 6 个接口：传感器和执行器用于与下层交互，它们接收来自下层的信息并向下层发送指令；汇报器和接收器用于与上层交互，它们汇报自身的状态并接收来自上层的指令；协调器和信息交换器用于与同一层次的自主基元交互，协调器用于同步自主基元之间的行为，而信息交换器用于数据的共享。

在实现的时候，这 6 个接口可以整合到一起，但为了能够更加清楚直观一些，在说明的时候我们将它们分开。需要注意的是，这里的传感器和执行器并不是一般意义下的采集数据和执行动作的硬件设备，它们与汇报器、接收器、协调器和信息交换器一样，都是传输数据或者指令的接口。在系统实际运行的时候，除了底层的传感器和执行器用于跟硬件设备打交道，顶层的汇报器和接收器用于操作者的监控之外，其他的接口都用于自主基元之间的交互；在系统调试的时候，操作者还可以通过信息交换器获取并修改任何一个自主基元的信息。

下面，我们对自主基元的 3 个主要构成部分、详细结构和运行流程进行介绍。

1. 感知单元

感知单元的主要工作是获取它的资源信息并进行融合与分析，从而得到自身状态以及外部环境的估计。对于底层的自主基元，它的资源是传感器、执行器等硬件设备；其他层的自主基元的资源是其相邻下层且受它管理的自主基元。

1）信息获取

感知单元所获取的信息可以分成以下几类：

（1）数据信息。对于底层，数据信息是设备的串口数据、模拟信号量等；对于上层，数据信息包括载体位置姿态信息、目标信息、海流信息等。

（2）健康状态信息。自主基元需要实时地监视它的资源健康状态以评估自身的能力是否受到影响。例如，当导航与控制基元收到深度计基元关于深度计损坏的汇报时，它便将定深航行的能力从它的能力列表中删除。

（3）工作进度信息。在某些情况下，下层基元还向上层基元提供工作进度信息。例如在航行任务中，工作进度信息可能包括已经完成路程的百分比、剩下的距离、还需要多长时间等。

2）信息融合与分析

在获取资源的信息之后，需要对这些信息进行融合与分析。如式（5.3）和式（5.4）所示，数据信息是世界状态、控制行动、噪声的函数，需要对它们进行解算才能得到载体和环境状态的观测值。这些观测值将与世界模型和知识库单元中仿真得到的预测值进行比较。当二者的差别小于门限的时候，则对它们进行融合，得到对载体和环境状态的估计值；当二者的差别超过门限的时候，则进行故障诊断与处理，因为这时候它的资源可能出现了故障。

此外，感知单元还需要根据自身的状态对其资源所汇报的故障进行确认，以免误报。例如，当导航与控制基元收到来自全球定位系统(global positioning system, GPS)基元的无数据故障汇报时，它需要根据自身的运行状态进行判断。如果它在水面运行，那么这个故障成立，它将失去位置校正的能力；而如果它在水下运行，那么这属于正常的情况，它将忽略这个故障汇报。

3) 状态更新与汇报

一方面，感知单元利用信息融合与分析得到的载体和环境状态的估计值对世界模型和知识库进行更新；另一方面，当它的资源发生故障的时候，它将把自身因为资源故障而丧失的能力汇报给它的上层。

2. 决策单元

决策单元的主要工作是根据上层所给的控制指令，结合当前的自身状态和外部环境信息，采用知识库中的规则进行规划，产生对它的资源的控制指令，在经过同步之后，发送给它的资源来执行。目前绝大部分系统只设计了控制指令。出于通用化的考虑，我们提供了两种新的指令，分别是自主行为的使能/禁止指令和参数设置指令。下面对这3类指令进行简要介绍。

1) 控制指令

控制指令是最常见的指令。设备开/关指令、执行器的操作指令、载体基元发送给导航基元的航渡指令等都属于控制指令。

2) 自主行为的使能/禁止指令

该指令用于开启/关闭下层自主基元的某些自主行为。一般的，高层的自主行为更倾向慎思式，而低层的则偏向反应式。因此，这类指令为系统提供了一种在慎思式与反应式之间进行切换的机制。

更重要的是，这类指令的设计提高了自主基元的通用性，从而为不同使命之间的技术转移甚至不同载体之间的技术转移创造了条件。例如，当载体定深航行于浅水区域时，导航基元可能因为高度过低而自主地把定深航行模式切换到定高航行模式。这时，导航基元的上级，即载体基元可以根据具体的使命来决定是否允许这一自主行为。如果使命对于隐蔽性的要求很高，它可以禁止这一行为；反之，如果载体的安全性更重要，则可以使能该模式切换。这就使导航基元可以适用于不同的使命。

再比如，对于空中机器人或者水面机器人，只要GPS设备处于上电状态，它就应该周期性地提供测量数据。一旦检测不到GPS的数据，便说明出现了故障，因此GPS基元可以自主启动修复无数据故障的行为。然而，对于水下机器人或者陆地机器人，即使 GPS 设备打开也未必能收到信号，因为它们可能运行于水下或者室内环境中，因此 GPS 基元不应该自主地修复无数据故障。所以，只需要导航基元根据不同的应用来使能或者禁止 GPS 基元的无数据故障自主修复行为，GPS基元就可以适用于各种不同的载体。

3）参数设置指令

这类指令是上一类指令的辅助，主要是对一些门限值的设定。例如前面提到的自主定深/定高模式切换问题，对于这个切换的门限，不同的载体可能有不同的要求。机动性较好的载体可以把切换高度设置得低一些，而机动性较差的载体则需要把门限设置得高一些。

3. 世界模型和知识库单元

世界模型和知识库单元主要提供状态存储、模型管理、知识库管理和仿真 4 个方面的功能。

（1）状态存储。世界模型和知识库单元存储着与自主基元相关的信息，包括自身状态的估计值、期望的状态值、外部环境的信息、自身的能力集合、来自上层的指令及其执行进度、下层资源的健康状态等。

（2）模型管理。世界模型和知识库单元中存储着自主基元的过程模型，即在当前状态下施加某个控制决策之后，下一时刻将会达到的状态。这个模型是可以实时修正的，即根据预测状态和测量状态的偏差，可以在多个模型之间进行切换，选择最符合实际的模型；也可以对模型中的参数进行调整。

（3）知识库管理。知识库是决策单元进行决策的依据，它包括决策所需要用到的规则和算法。根据感知单元得到的外部环境对决策输出的响应，知识库可以对决策的好坏进行分析，从而对规则进行添加、删除或者修改。

（4）仿真。仿真子单元利用模型、当前状态和决策的结果来预测下一个时刻的状态。它起到两个方面的作用：一方面，感知单元根据预测状态和测量状态来判断资源是否正常运行；另一方面，决策模块根据预测状态来判断规划是否合理，如果不合理将重新进行规划。

4. 自主基元的详细结构

根据前面 3 点对感知单元、决策单元、世界模型和知识库单元的分析，我们对图 5.4 进一步地细化，得到自主基元的详细结构，如图 5.5 所示。

自主基元可以采用一个 10 元组 $(S, D, I, A, C_i, C_o, K, f_p, f_d, f_s)$ 来描述。式中，S是自主基元的状态空间；D 是相邻下层基元的输入信息集合；I 是来自相邻上层基元的输入指令集合；A 是给相邻下层基元的输出指令集合；C_i 是来自同层基元的协调信息集合；C_o 是给同层基元的协调指令集合；K 是知识的集合，它分为三个部分 K_p、K_d 和 M，K_p 是状态判定知识的集合，K_d 是决策规划知识的集合，M 是世界模型；f_p 是输入信息和状态判定知识的直积到自主基元状态的映射；f_d 是自主基元状态、输入指令、协调信息和决策规划知识的直积到输出指令和协调信息的映射；f_s 是当前自主基元状态、给下层的输出指令和世界模型到下一时刻自主基元状态的映射。

$$f_p : D \times K_p \rightarrow S$$
$$f_d : S \times I \times C_i \times K_d \rightarrow A \times C_o$$
$$f_s : S \times A \times M \rightarrow S$$

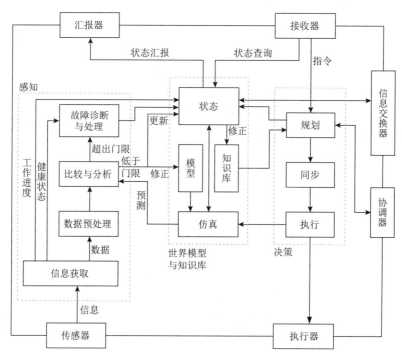

图 5.5　自主基元的详细结构

5. 自主基元的运行流程

自主基元的运行流程如图 5.6 所示。在完成初始化之后，它便进入空闲等待状态。当有消息到来时，它对消息进行判断：如果是数据查询的消息，它就向对方返回所要查询的数据；如果是定时器触发的消息，说明更新时刻到了，此时它获取它所管理的下层基元的信息(包括数据信息、健康状态信息和工作进度信息)，对其进行分析，做出规划决策，并把决策的结果分配输出给下层执行；如果是下层的状态汇报（一般情况下是健康状态信息或者工作进度信息），它对这些状态进行分析，然后进行规划决策和分配执行；如果是上层的任务更新，它将对任务进行分析，看是否能够完成以决定接受或者拒绝，在能够完成的情况下将进行规划决策和分配执行。在以上几种消息的情况下，自主基元在完成不同的处理之后都将返回空闲的状态，等待下一个消息的到来。而如果接收到的消息是结束，它将退出循环，终止运行。

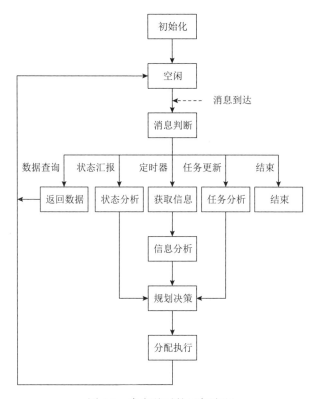

图 5.6　自主基元的运行流程

5.3.2　体系结构的构建

在 5.3.1 小节，我们完成了自主基元的构建。虽然所有的自主基元都被抽象成一个统一的模型，具有相同的结构和运行流程，但是不同自主基元内部的感知单元、决策单元、世界模型和知识库单元具有各不相同的内容，这就决定了它们具有不同的功能。在完成自主基元的构建之后，根据自主基元的功能把它们进行层次化地组织就得到了完整的 AUV 控制系统体系结构。本小节将完成对 AUV 通用化体系结构的构建并对该结构进行讨论。

1. AUV 通用化体系结构的构建

图 5.7 给出了一个 AUV 通用化体系结构的示意图。图中的横向虚线代表控制系统软硬件与实际设备的分隔线：虚线下方是被管资源，包括所有的传感器和执行器；虚线上方是由一系列自主基元组合而成的通用化 AUV 体系结构。

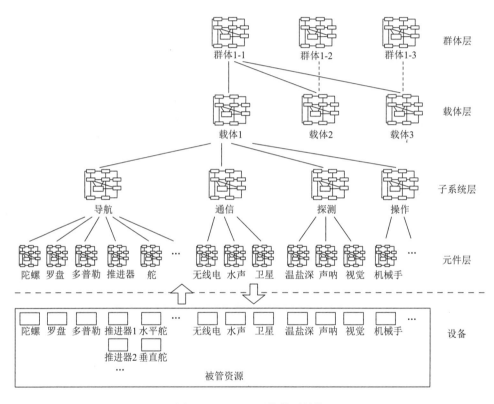

图 5.7 AUV 通用化体系结构

1) 元件层

元件层的自主基元负责对相应设备的控制和管理，包括设备的开启/关闭、设备输出的给定、设备工作状态的监控、数据的获取和发送等，其控制周期大约为0.1s。一般而言，除了推进器基元和舵基元以外，每个元件层的自主基元负责管理一个实际的设备，这是因为 AUV 基本不会携带多个同一类型的传感器和其他执行器。由于该层的基元较多，我们仅给出陀螺自主基元的内部结构，如图 5.8所示。

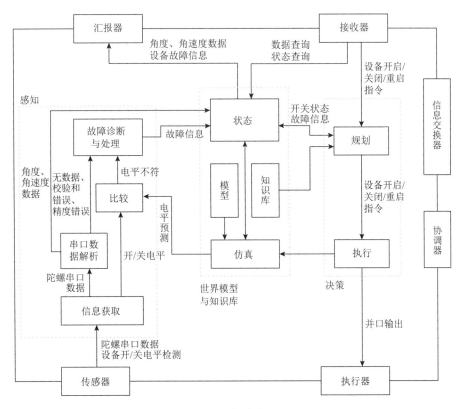

图 5.8　陀螺自主基元

2) 子系统层

一般的，可以将载体的行为划分为两类：航行和作业。进一步，作业可以再细分为通信、探测和操作。因此，该层包括 4 个自主基元，分别为导航与控制基元、通信基元、探测基元和操作基元。这 4 个自主基元分别控制和管理元件层的相应基元，其控制周期大约为 1s。与此对应，子系统层的主要功能包括：

（1）AUV 的位置姿态控制；

（2）与岸上或母船上的指挥台、其他的 AUV、其他的平台通信；

（3）与使命相关的探测和（或）操作。

以导航与控制基元为例，其内部结构如图 5.9 所示。

3) 载体层

载体层的自主基元负责对子系统层 4 个自主基元的控制和管理，它的主要功能包括任务分解、任务管理、路径控制等，它的控制周期大约为 10s。载体层自主基元内部结构如图 5.10 所示。因为载体层和群体层基元的内部信息与使命有较强的相关性，所以我们基于多 AUV（主从式）目标探测使命对它们进行描述。

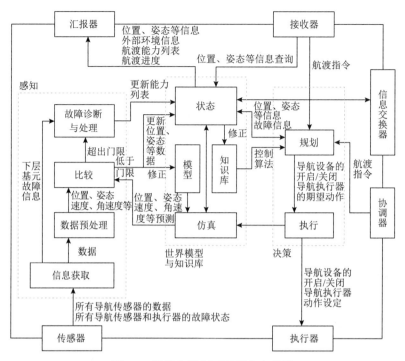

图 5.9 导航与控制子系统自主基元

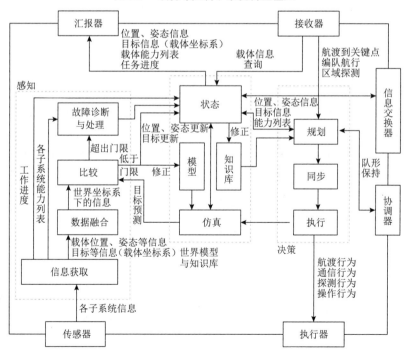

图 5.10 载体层自主基元

4) 群体层

群体层基元负责控制和管理载体层基元，它的主要功能包括使命管理、路径规划、队形控制等，它的控制周期大约是 100s。根据使命的不同，它可能管理和控制一个或者多个载体层的自主基元。在单 AUV 使命的情况下，群体层基元必然只控制和管理一个载体层基元。在多 AUV 使命的情况下，如果 AUV 之间的关系是平等的，那么每个 AUV 的群体层基元只控制自身的载体层基元，群体层基元之间通过协调指令实现对 AUV 的集群控制；如果 AUV 之间是主从的关系，那么主 AUV 的群体层基元控制和管理着群体内部所有 AUV 的载体层基元，虽然从 AUV 内部也有自身的群体层基元，但它们仅仅在主 AUV 控制指令长时间未更新或者主从 AUV 失去联系的时候才起到辅助控制的作用。图 5.7 是一个多 AUV 使命（主从关系），其中载体 1 为主 AUV，载体 2 和载体 3 为从 AUV，从 AUV 的群体层基元对其相应载体层的控制用虚线表示，以示区别。

群体层自主基元的内部结构如图 5.11 所示。值得注意的是，群体层基元的感知单元内部没有了比较子单元，这是因为在群体层面上已经无法通过仿真结果和实际的比较检测出任何单体 AUV 未检测出的故障。所以在群体层自主基元内部，故障处理的输入全部来自单体 AUV 的故障汇报；世界模型与知识库单元里仿真子单元的输出也只是为了看看规划的结果是否合理。

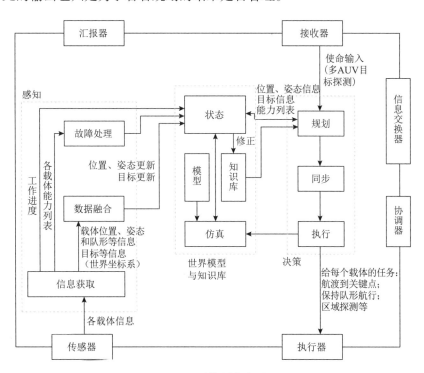

图 5.11　群体层自主基元

2. 体系结构的分析

AUV 系统的体系结构包含自主基元的集合以及自主基元之间的关系,自主基元的关系又可以进一步划分为信息传递关系、控制指令传递关系和协调指令传递关系。因此,AUV 系统的体系结构可以定义为一个 4 元组 (AE, E, F, G)。式中,AE 为自主基元的集合;E、F、G 分别为信息传递关系、控制指令传递关系、协调指令传递关系的集合。用 ae_{ij} 表示第 i 层的第 j 个自主基元,则 AE、E、F、G 可以分别表示为

$$AE = \{ae_{ij} \mid i = 1, 2, 3, 4; j = 1, 2, 3, \cdots\}$$

$E = \{(ae_{ij}, ae_{mn}) \mid m = i + 1$ 并且 ae_{ij} 受 ae_{mn} 管理,或者 $m = i$ 并且 ae_{ij} 和 ae_{mn} 受同一个相邻上层的自主基元管理$\}$

$F = \{(ae_{ij}, ae_{mn}) \mid m = i - 1$ 并且 ae_{mn} 受 ae_{ij} 管理$\}$

$G = \{(ae_{ij}, ae_{mn}) \mid m = i$ 并且 ae_{ij} 和 ae_{mn} 受同一个相邻上层的自主基元管理$\}$

系统中,每个自主基元内部都有一个“感知-决策”闭环,因而整个系统就包含了许多不同层次的闭环。下层的闭环管辖的时空范围较小,数据较具体,更新频率较高,反应速度较快,具有反应式体系结构的特征;上层的闭环管辖的时空范围较大,数据较抽象,更新频率较低,处理时间较长,但能够从全局出发进行统筹规划,具有慎思式体系结构的特征。所以,该系统属于混合式体系结构控制系统。

在通用化体系结构中,顶层是进行高层规划的自主基元,然后规划来到下一级:细化规划和收集信息。再传到底层的工作部分:反应式行为。高层的自主基元可以读取它们的相邻低层自主基元的运行情况(实质上也就是进行监控),还能够进行引导。因为使用了包容技术,上层只能直接控制和管理它的相邻下层。在管理类型中,每层都试图进行直接的处理,即在本层发现的问题直接在本层进行修正(如果上层允许的话)。只有当某个自主基元无法解决自身的问题时,才向上层求助。

通用化体系结构类似于企业的管理结构,顶层、中层、底层基元分别对应于企业的经理、部门干部、基层职工。(一个企业可能包含设计、生产、销售等多个部门,下文只对生产部门进行讨论。)经理根据产品库存、市场需求等情况来确定生产计划;生产部门干部根据生产计划将生产任务分配到每个基层职工;基层职工负责生产设备的操作和维护等。企业中的每个人都具有一定的自主性,他们会尽力解决自身发现的问题,当他们无法解决时才向上汇报。基层职工会根据生产任务来确定自己的劳动时间,此外,当生产设备发生故障时,他也会尝试进行修理;只有当他确定无法完成自己的任务时,他才向干部汇报。生产部门干部会根

据每个职工的情况对生产任务的分配进行实时调整，例如某职工因生病或者设备故障无法完成任务时，他将适当增加其他职工的任务；当生产能力无法完成生产计划时，他才向经理汇报。经理会根据生产部门和其他部门（如销售部门等）的实时情况对生产计划做出调整。此外，类似于包容技术，每个人都向上屏蔽了他下层的复杂性，上层只需要也只能管理他的相邻下层。例如，经理不需要去了解每个基层职员的工作情况，他所需要知道的只是生产部门能否完成他所制定的生产计划。

5.3.3 体系结构的实现

在 5.3.2 小节，我们完成了 AUV 通用化体系结构的构建。虽然所有的自主基元都被抽象成一个统一的模型，具有相同的结构和运行流程，但是它们却具有不同的功能，在系统中发挥不同的作用，这是因为它们内部的感知单元、决策单元、世界模型和知识库单元具有各不相同的内容。这一小节，通过对 AUV 通用化体系结构实现过程的介绍，读者将可以清楚地看到这一点。

针对不同的硬件条件，AUV 通用化体系结构可以有不同的实现方式。既可以采用集中式，让所有的自主基元在一台计算机内运行；也可以采用分布式，让它们运行于不同的芯片中。在此，我们采用前一种方式。

我们以海洋学数据采集使命为背景，依照 5.3.2 小节构建的 AUV 通用化体系结构实现了全套控制系统软件的开发。下面我们将分两个部分对其进行介绍。第一部分是类的层次关系，它展示了系统在开发过程中所设计的类之间的树形关系，并以"我的陀螺"类为例描述了从最抽象的自主基元类到应用于实际系统的各个具体类的逐步特化的过程。第二部分是类的详细内容，它介绍了应用于实际系统的各个类的主要成员变量和成员函数。

1. 类的层次关系

图 5.12 给出了我们在实现通用化体系结构的过程中所开发的类的层次化示意图。由基类自主基元(Element)派生出了 4 个子类，分别是设备基元(Device Element)、子系统基元(Subsystem Element)、载体基元(Vehicle Element)和群体基元(Group Element)。进一步，设备基元派生出陀螺基元(Fog Element)、罗盘基元(Compass Element)、推进器基元(Thruster Element)等；子系统基元派生出导航基元(Navigation Element)、通信基元(Communication Element)、探测基元(Detection Element)和操作基元(Operation Element)。最终，位于底层的各个类是针对具体设备、具体载体、具体使命而进行特化的，它们所对应的对象构成了实际的控制系统，这些对象对应了图 5.7 中的各个自主基元。

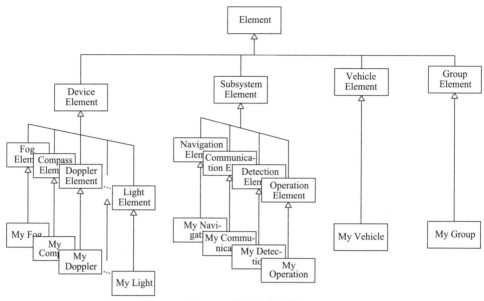

图 5.12　类层次关系图

图 5.13 给出了图 5.12 中从基类到"我的陀螺"类的逐步特化过程。基类自主基元类中只定义了最一般的变量和函数。其中，变量包括基元的基本信息、父基元列表、子基元列表等；函数包括发送消息、处理消息、数据分析、决策生成等。这些函数都是虚函数，需要由它的子类进行实现。"设备基元"类除了继承自主基元类的所有属性之外，它还定义了设备的信息、设备的列表等变量和设备的开启/关闭和设备的控制等操作。陀螺仪是用于测量角度、角速度的传感器，因此"陀螺基元"类在"设备基元"类的基础上增加了角度、角速度成员变量。此外，它对继承得到的发送消息、处理消息等函数进行了实现。不同的陀螺设备的串口数据协议、供电电平等是不同的，因此"我的陀螺"类根据实际系统所采用的设备，对"陀螺基元"类进行了进一步的特化，具体表现为对数据分析、决策生成等函数的实现。

2. 类的详细内容

上一点已经描述了类从抽象到具体的设计过程，这一点将介绍应用于实际系统的各个类的详细内容。

针对单体 AUV 对海洋学数据(温度、盐度)进行采集的使命，我们总共开发了 17 个具体的类，分别对应于图 5.7 中的各个自主基元。由于采用的是集中式的方法，体系结构中的每个自主基元采用一个或多个进程/线程来实现。对于每个层次，下面仅列出一个自主基元类的详细内容，如表 5.1～表 5.4 所示。

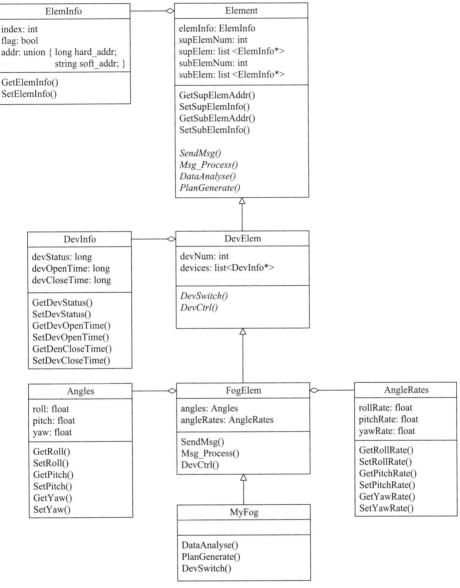

图 5.13 "我的陀螺"类的特化过程

1) 群体层：我的群体类

表 5.1 我的群体类的成员变量和函数

类别	名称:类型	注释
变量	elemInfo: ElemInfo	基本信息(ID、硬件/软件、地址)
	supElem: list<ElemInfo*>	上级自主基元列表

类别	名称:类型	注释
变量	subElem: list<ElemInfo*>	下级自主基元列表
	mission: list<Mission*>	使命信息
	vehInfo: VehInfo	载体自主基元汇报的信息
	taskCapa: long	载体任务能力列表
	misstate: int	使命状态(阶段)
	wayPoint: WayPoint	路径点
	area: Area	使命作业区域
	taskInfo: TaskInfo	给载体自主基元的任务信息
函数	SendMsg()	发送消息
	MsgProcess()	消息处理
	GetVehData()	获取载体自主基元的信息
	MisAnalyze()	使命评估
	MisPlan()	使命规划
	WayPointGenerate()	生成路径关键点
	TaskAssign()	任务分配

2) 载体层：我的载体类

表 5.2　我的载体类的成员变量和函数

类别	名称:类型	注释
变量	elemInfo: ElemInfo	基本信息(ID、硬件/软件、地址)
	supElem: list<ElemInfo*>	上级自主基元列表
	subElem: list<ElemInfo*>	下级自主基元列表
	task: Task	当前任务信息
	auvInfo: AuvInfo	导航自主基元汇报的载体状态信息
	…	其他下级自主基元汇报的信息
	behavNav: BehavNav	给导航自主基元的航渡行为信息
	…	给其他下级自主基元的行为信息
	navCapa: long	航渡行为能力列表
	…	其他下级自主基元行为能力列表
	taskCapa: long	载体任务能力列表
	wayPoint: WayPoint	路径点
	area: Area	作业区域
	taskInfo: TaskInfo	给载体自主基元的任务信息

类别	名称:类型	注释
	SendMsg()	发送消息
	MsgProcess()	消息处理
	GetSubsysData()	获取下级自主基元的信息
	TaskAnalyze()	任务分析
	TaskDecomp()	任务分解
函数	PathPlan()	路径规划
	TargetTracking()	目标跟踪
	SituationAssess()	情形评估
	FaultDet()	故障诊断
	FaultHandle()	故障处理
	BehavAssign()	行为分配

3) 子系统层：以我的导航类为例

表 5.3　我的导航类的成员变量和函数

类别	名称:类型	注释
	elemInfo: ElemInfo	基本信息(ID、硬件/软件、地址)
	supElem: list<ElemInfo*>	上级自主基元列表
	subElem: list<ElemInfo*>	下级自主基元列表
	devsStatus: list<long*>	下级自主基元管理的设备状态的列表
	auvInfo: AuvInfo	载体状态信息(位置、姿态、角度、角速度等)
	auvExp:AuvInfo	载体期望状态
	behavNav: BehavNav	航渡行为信息
变量	deviation:Deviation	偏差信息
	ctrlValue: CtrlValue	控制量
	compInfo: CompInfo	罗盘自主基元的汇报信息
	insInfo: InsInfo	惯性导航自主基元的汇报信息
	…	其他下级自主基元的汇报信息
	seaflow: Seaflow	海流信息
	navCapa: long	航渡行为能力列表

类别	名称:类型	注释
函数	SendMsg ()	发送消息
	MsgProcess ()	消息处理
	GetSubElemData ()	获取下级自主基元的信息
	DataProcess ()	数据预处理
	CalDeviation ()	计算偏差值
	FaultDet ()	故障诊断
	FaultHandle ()	故障处理
	CompPos ()	航位推算
	Control ()	载体控制算法
	CalCode ()	控制量分配
	BehavAnalyze ()	航渡行为分析
	CalSeaflow ()	海流估计

4)元件层：以我的陀螺类为例

表 5.4 我的陀螺类的成员变量和函数

类别	名称:类型	注释
变量	elemInfo: ElemInfo	基本信息(ID、硬件/软件、地址)
	supElem: list<ElemInfo*>	上级自主基元列表
	subElem: list<ElemInfo*>	下级自主基元列表
	devStatus: long	设备状态
	devOpenTime: long	开启时刻
	devCloseTime: long	关闭时刻
	angles: Angles	欧拉角信息
	angleRates: AngleRates	角速度信息
函数	SendMsg ()	发送消息
	MsgProcess ()	消息处理
	DataAnalyse ()	串口数据分析
	DevAnalyse ()	设备状态分析
	PlanGenerate ()	规划(实际是故障处理)
	DevSwitch ()	设备开启/关闭

5.4 其他通用化体系结构

除了前面介绍的两个例子之外，有些研究者也对通用化体系结构进行了一些有益的探索。本节对其进行简要的介绍，包括全域执行和规划技术(all-domain execution and planning technology, ADEPT)体系结构[17]、基于宽松耦合组件的通用化控制系统软件体系结构(generic loosely-coupled component-based control software architecture, GLOC3)[18]。

5.4.1 ADEPT 体系结构

ADEPT 体系结构[17]是由查尔斯·斯塔克·德雷柏实验室(The Charles Stark Draper Laboratory)提出的，它的主要目的在于确立一种能够快速地应用到新载体和新领域的切实可靠的软件方法。其通用控制节点和体系结构分别如图 5.14 和图 5.15 所示。

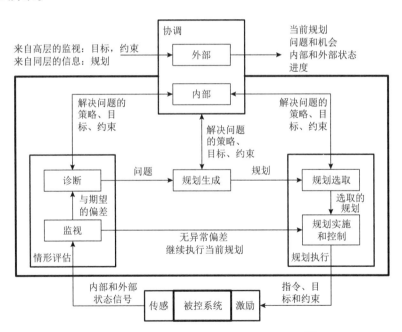

图 5.14 ADEPT 体系结构的通用控制节点[17]

从整体上来看，ADEPT 体系结构与 5.2 节、5.3 节介绍的两个通用化体系结构十分接近，或者可以看成是它们的简化版本。从图 5.14 和图 5.15 可以看出，ADEPT 体系结构中的通用控制节点包含情形评估(包含监视和诊断)、规划生成、规划执行(包含规划选取、规划实施和控制)和协调(包含内部和外部协调)4 个单元模块。ADEPT 体系结构强调规划和决策生成的作用,但它并未考虑模型和知识库自适应优化、接口的标准化等问题。从已发布的文献中也并未查阅到对通用控制节点或者整个体系结构更详细的介绍。

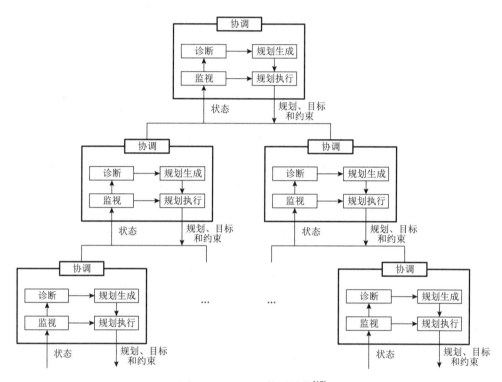

图 5.15　ADEPT 体系结构[17]

5.4.2　GLOC3

Ortiz 等[18]认为,在前面介绍的几个通用化体系结构中,通用控制节点总是期望提供尽可能多的功能;而在实际的应用过程中,真正用到的可能只是其中的一小部分。为此,他主张对通用控制节点进行进一步分解,使其成为粒度更小的子节点,称为通用组件。

在 GLOC3 中,通用组件松散地耦合在一起,构成整个系统。Ortiz 等设计了5 种类型的通用组件。

(1)传感器采样组件:负责与对应物理传感器的连接并按照设定的频率对它进行采样。

(2)数据处理组件:对传感器数据进行处理,得到当前使命所需要的环境状态的精确估计。

（3）控制组件：利用数据处理组件得到的状态估计，生成对载体执行器的控制指令，从而使载体能够朝着完成使命目标方向前进。

（4）执行器驱动组件：实现与物理执行器之间的接口。

（5）指令接口：负责基站与载体之间的通信。

所有这5类通用组件都采用相同的结构。每个组件内部包含了以下5个模块。

（1）局部指令接口：用于调用组件功能的接口。组件可能处于空闲、待命、工作、安静、故障状态，通过局部接口指令调用特定的函数，可以实现组件在这些状态之间的切换。

（2）数据记录单元：当被允许时，将在每个迭代周期的末尾对组件内部状态的选定项进行记录。

（3）故障处理单元：当检测到故障时，将使组件切换到故障状态并对故障保持跟踪。

（4）状态通知单元：周期性地向系统其他部分汇报组件所处的状态。

（5）数据交换单元：用于实现消息的收发和消息队列的处理。为了确保通用性，GLOC3并未对通信机制做任何的约束。

总体看来，GLOC3的设计重点在于提炼系统中各个功能模块的共性，即采用一个相同的结构来描绘系统的各类组件。如果抛开这些共性的提炼，它其实更像是一个集中式的体系结构（见2.4节）。

从设计初衷来看，通用化体系结构为了实现各模块的自主，在通用控制单元中将控制和管理结合在一起。而Ortiz等[18]则认为，控制和管理的结合会使通用控制单元中包含过多的功能。对于某个具体的应用场景来说，必然有某些功能是多余的。因此，他们主张应该将控制和管理重新剥离开来。兜了一圈，又回到原点。这是一件非常有趣的事情，它也从侧面反映了体系结构难以客观评价的问题。实际上，通用化体系结构为了使自身能够适应于尽可能多的应用场景不得不将功能做得大而全，而这些功能在很多时候是可裁剪的，用户可以根据实际的需求选择其中的部分功能加以实现。

5.5 通用化体系结构中的标准化问题

通用化问题和标准化问题总是相关联的。任何产品在实现通用化之前必须先完成相关标准的制定和统一，机器人也不例外。5.2～5.4节介绍的几个通用化体系结构如果缺少相应的标准作为支持，它们的作用和价值将大打折扣，这是因为：

（1）随着机器人使命的复杂化和研究单位的不断增多，研究单位之间的合作必然越来越密切。在这个情况下，首先需要一套规范的术语，为行业提供一种公共的语言，方便研究者的交流。

(2)前面构建的通用化体系结构是一种开放式的体系结构，其中通用控制节点的设计和开发可能来自不同的单位。因此，需要对通用控制节点进行进一步的规范，例如节点内部的数据格式、节点之间的通信、硬件设备之间的接口等问题，使得来自不同单位的控制节点能够方便地整合到一起。

(3)一个复杂的使命，通过通用控制节点一层层分解，最终细化为发送给传感器和执行器的原子指令。在这个过程中，上层节点的输出就是下层节点的输入。如果能够对各层次之间的指令集合达成共识，便能够规范控制节点的输入和输出，从而有利于控制节点的封装，并形成一个库。

基于以上几点，本节将简要讨论 4 个方面的标准，分别是术语、数据包格式、指令集合和技术标准。

1. 术语

术语的定义和统一是实现各项技术规范标准化的第一步。从过去发表的大量文献当中可以发现，不同学者对于部分术语有着不同的理解或定义，典型的例子包括"使命""任务""行为""动作"等。这使得读者在阅读文献时必须结合上下文和具体的应用场景自行加以区分。因此，建立一套得到广泛认可的术语可以有效地清除沟通交流过程中的障碍。

但是，要在行业内达成一致的意见却是一件十分困难的事情。这需要从业人员的广泛参与并经过反复多次的讨论。目前，仅有两个单位在术语定义方面进行了一定的尝试。2004 年 9 月，NIST 公布了他们对无人系统(unmanned systems)的术语定义[19]。在此基础上，美国材料实验协会(American Society of Testing Materials, ASTM)针对 UUV 领域给出了相关的术语定义[20]。

2. 数据包格式

数据包格式是控制系统中各模块之间进行交互的通信协议的重要组成部分。前面提到过，在通用化体系结构下，通用控制节点的设计和开发可能来自不同的单位，而不同的单位又可能采用不同的方式来呈现：有的可能将控制节点封装到芯片中以硬件的形式提供，有的则以软件的形式提供。对于前者，控制节点之间的交互可能采用串口通信的方式来实现；对于后者，则可能采用进程/线程间消息发送/接收的方式。但无论采用何种实现方式，为了使来自不同单位的控制节点能够方便地整合到一起，对节点之间进行交互的数据包的格式进行统一是很有必要的。

对一个系统内部的数据包格式进行定义是比较简单的事情，只要几个开发者之间约定好就可以了。但是制定一个让大家普遍接受的格式则具有相当的难度。在这方面做得比较好的是一些基于工具箱的体系结构（详见第 6 章）。例如，MOOS 体系结构（6.2 节）和 ROS 体系结构（6.3 节）因为拥有庞大的用户群体，它们内部的消息格式得到了广泛的应用，逐渐形成了一种规范。而无人系统联合体系结构 (joint architecture for unmanned systems, JAUS)（6.4.1 小节）则是在设计之初就由专业的协会为其制定了一系列的标准协议，用于无人机系统的内部组件及其与各种特定功能组件之间的消息传输。

3. 指令集合

上一点从消息格式的角度出发对通用控制节点之间的交互进行了规范，本点将从指令的角度出发对通用控制节点的职责进行规范。指令集合反映了使命分解的结果，它规定了各个控制节点的输入和输出，从而指明了各个控制节点的职责。

设想，两家生产同一产品的公司在制定销售任务时采取了不同的分解策略。其中一家公司由全国销售经理将任务分解到各个区域，再由各个区域经理进一步分解到省份；另一家则直接由全国销售经理将任务分解到省份。显然，这两家公司全国销售经理的工作任务是不同的。而如果两家公司采用了同样的销售任务分解策略，则其中一家公司的全国销售经理可以很轻松地接任另一家公司的相同职务。

同样的，对于执行同一个使命的智能机器人，不同的单位可能有不同的使命分解结果。如果学界能够就此问题达成一致，则将有助于控制节点的输入和输出的统一，使相同或者相似职责的控制节点可以构成一个库，促进技术的转移。到目前为止，仅有两个单位分别在陆地机器人[8]和水下机器人[1]领域就指令集合的标准做出初步的尝试。

4. 其他技术标准

在水下机器人领域，ASTM 制定了一系列的标准为 UUV 的开发提供指导，包括：《水下机器人自主和控制标准指南》(Standard Guide for UUV Autonomy and Control，F2541—2006)[20]、《水下机器人物理载荷接口标准指南》(Standard Guide for UUV Physical Payload Interface，F2545—2007)[21]、《水下机器人通信标准指南》(Standard Guide for UUV Communications，F2594—2007)[22]、《水下机器人传感器数据格式标准指南》(Standard Guide for UUV Sensor Data Formats，F2595—2007)[23]。这些标准的目的在于确保 UUV 在多个授权用户之间的通用性以及单个授权用户在使用多种 UUV 时的通用性。这里，授权用户可以是 UUV 操作机构指定的设计、操作、维护 UUV 的机构，也可以是其他 UUV 和负载使命数据的终端用户。虽然这些标准已经停止更新和维护，但是它们对 UUV 的标准化发展还是有很好的指导意义。

《水下机器人自主和控制标准指南》定义了一个自主 UUV 系统的特征，负载在 UUV 系统中的关系也被提及。这份标准定义了术语，为 UUV 系统的讨论提供一个公共的框架。同时，标准定义了一个三轴的标尺，分别是情形感知、决策生成/规划/控制、外部交互作用，用来阐述系统自主的水平。

《水下机器人物理载荷接口标准指南》是一份物理和功能的接口标准，它指导载体和负载之间的机械和电子接口以及功能关系。这份标准主要描述了物理接口并为每种类型提供一个实例化的指南。这个指南增强了载体和负载之间的关联并确定了负载的许可-请求任务和载体的许可-同意/拒绝的权利。

《水下机器人通信标准指南》指导 UUV 系统和授权用户之间板外通信的开发。标准考虑了光学、无线电和水声通信方法。无线电通信是一个成熟的通信方式，标准参考并采纳了现存的无线标准，用于板外水面通信。水声通信是一个新的发展领域，各种水声系统之间的通用性也在发展中。标准描述了典型的水声系统和协议，以及相应带宽和距离的典型应用。标准还对光学通信进行了一般性的注释，它是将来可能发展的通信手段。

《水下机器人传感器数据格式标准指南》为 UUV 和负载设计者提供一套普遍接受的水下传感器数据格式。这些格式为双向的协同工作能力提供了机会。这些格式的使用推进了 UUV 系统处理历史环境数据的能力，从而有利于使命规划决策。同样的，这些数据格式的使用提高了终端用户记录、分析和提出建议的能力。

5.6　本章小结

显然，每个机器人的应用场景和复杂程度是不同的，适用于某个机器人的特定功能对其他的机器人来说可能就是不必要的开销，而且构建能够满足所有机器人需求的大而全的软件组件是一项不可能完成的任务。因此，通用化体系结构选择采用可以在不同机器人系统中重用的通用控制节点来构建整个系统。这个通用控制节点是模块化、可裁剪和扩展的，因此对不同使命、不同硬件设备具有较强的适应性。

本章首先对通用化体系结构进行概述，包括通用化体系结构的构建思路及其特点；然后，详细地介绍了几个通用化体系结构的实例；最后，对通用化体系结构相关联的标准化问题进行了简要的讨论。

通用化体系结构处于现代体系结构的第一阶段。它为控制系统的设计提供了一个非常好的思路和框架，并且在不同类型的机器人上得到了一些应用。但不足之处在于它仍然停留在方块图层面，用户也无法获得成功应用的开源实例，这极大地限制了它的推广。

参 考 文 献

[1] 林昌龙. 基于自主计算思想的水下机器人体系结构研究[D]. 沈阳: 中国科学院沈阳自动化研究所, 2010.

[2] Tianfield H. Structuring of large-scale complex hybrid systems: from illustrative analysis toward modelization[J]. Journal of Intelligent and Robotic Systems, 2001, 30(2): 179-208.

[3] Tianfield H. An innovative tutorial on large complex systems[J]. Artificial Intelligence Review, 2002, 17(2): 141-165.

[4] 廖备水, 李石坚, 姚远, 等. 自主计算概念模型与实现方法[J]. 软件学报, 2008, 19(4): 779-802.

[5] 张海俊, 史忠植. 自主计算环境[J]. 计算机工程, 2006, 32(7): 1-3.

[6] IBM. An architectural blueprint for autonomic computing, IBM autonomic computing white paper[R]. 3rd ed. Hawthorne, New York: IBM, USA, 2005.

[7] Albus J S. 4-D/RCS reference model architecture for unmanned ground vehicles[C]. Proceedings of IEEE International Conference on Robotics and Automation, San Francisco, CA, USA, 2000, 4: 3260-3265.

[8] Albus J S, Huang H M, Messina E, et al. 4D/RCS: a reference model architecture for unmanned vehicle systems version 2.0, NIST Interagency/Internal Report (NISTIR)—6910[R]. Gaithersburg, MD: U.S. National Institute of Standards and Technology, 2002.

[9] Albus J S, Meystel A M. A reference model architecture for design and implementation of intelligent control in large and complex systems[J]. International Journal of Intelligent Control and Systems, 1996, 1(1): 15-30.

[10] Dickmanns E D, Behringer R, Dickmanns D, et al. The seeing passenger car 'VaMoRs-P'[C]. Proceedings of the Intelligent Vehicles'94 Symposium, Paris, France, 1994: 68-73.

[11] Albus J S, Quintero R, Lumia R. The NASA/NBS standard reference model for telerobot control system architecture (NASREM), NIST Technical Note 1235[R]. Gaithersburg, MD: U. S. National Institute of Standards and Technology, 1989.

[12] Huang H M, Messina E R, Scott H A, et al. Open system architecture for real-time control using an UML based approach[C]. Proceedings of the 1st ICSE Workshop on Describing Software Architecture with UML, Toronto, Canada, 2001.

[13] Messina E R, Huang H M, Scott H A. An open architecture inspection system[C]. Proceedings of the Japan-USA Symposium on Flexible Automation, Ann Arbor, MI, USA, 2000.

[14] Lin C L, Ren S Z, Feng X S, et al. Autonomic element based architecture for unmanned underwater vehicles[C]. OCEANS 2010 IEEE, Sydney, Australia, 2010.

[15] Lin C L, Feng X S, Li Y P, et al. Toward a generalized architecture for unmanned underwater vehicles[C]. Proceedings of IEEE International Conference on Robotics and Automation, Shanghai, China, 2011: 2368-2373.

[16] Lin C L, Zhang G L, Li J, et al. An application of a generalized architecture to an autonomous underwater vehicle[C]. Proceedings of IEEE International Conference on Robotics and Biomimetics, Macau, China, 2017: 122-127.

[17] Ricard M, Kolitz S E. The ADEPT framework for intelligent autonomy[C]. VKI Lecture Series on Intelligent Systems for Aeronautics, von Karman Institute, Belgium, 2002.

[18] Ortiz A, Bonnin-Pascual F, Garcia-Fidalgo E, et al. A control software architecture for autonomous unmanned vehicles inspired in generic components[C]. Proceedings of the 19th Mediterranean Conference on Control and

Automation, Corfu, Greece, 2011: 1217-1222.

[19] Huang H M. Autonomy levels for unmanned systems (ALFUS) framework volume I: terminology, NIST Special Publication 1011[R]. Gaithersburg, MD: U.S. National Institute of Standards and Technology, 2004.

[20] Standard guide for unmanned undersea vehicles (UUV) autonomy and control (Withdrawn 2015): ASTM F2541-06 [S]. ASTM International, West Conshohocken, PA, USA, 2006.

[21] Standard guide for unmanned undersea vehicle (UUV) physical payload interface (Withdrawn 2016): ASTM F2545-07 [S]. ASTM International, West Conshohocken, PA, USA, 2007.

[22] Standard guide for unmanned undersea vehicle (UUV) communications (Withdrawn 2016): ASTM F2594-07 [S]. ASTM International, West Conshohocken, PA, USA, 2007.

[23] Standard guide for unmanned undersea vehicle (UUV) sensor data formats (Withdrawn 2016): ASTM F2595-07 [S]. ASTM International, West Conshohocken, PA, USA, 2007.

6

基于工具箱的体系结构

在现代体系结构的第二阶段，先后出现了若干个基于工具箱的体系结构。这类体系结构旨在为开发人员提供一组软件工具，这些工具有助于系统中全部或者大部分模块的实现，从而使控制系统的开发难度得以降低。本章首先对基于工具箱的体系结构进行概述，然后介绍几个典型的实例。

6.1　基于工具箱的体系结构概述

基于工具箱的体系结构是介于操作系统和控制系统软件之间的中间件，它一般由系统内核和功能包两个部分组成。系统内核定义了数据结构、通信机制等内容，搭建了系统总体框架；功能包则提供了机器人运行(或调试)所需的一般模块和与使命紧密相关的特定模块。虽然系统内核一般是开源的，但是绝大部分用户并不需要深入地了解其中的细节，他们只需要使用系统内核提供的接口来实现各个功能包的开发，就能完成控制系统的设计。而且，在开源社区中有不少用户提供了他们的成功案例，共享了许多不同用途的功能包供其他用户使用或者借鉴，这给控制系统软件的开发带来极大的便利。

根据经验，一个开源项目能否取得成功取决于两个因素：第一，它从一开始就应该有一个清晰的愿景，明确它想要实现的目标；第二，它需要吸引足够数量的贡献者来共同实现这个目标[1]。这两个要素在机器人学中都已具备。早在通用化体系结构阶段，设计者就已经制定了类似的远期目标：他们期望构建的体系结构能够有效地降低控制系统开发的复杂性问题并促进行业内的技术交流。但是，通用化体系结构只停留在框图层面，而且不是以开源项目的方式来运作，因此它对从业者之间交流的促进作用十分有限。相比之下，基于工具箱的体系结构为控制系统的开发提供了完整的工具和充足的实例，它使用户可以在共享相同的长期目标的基础上实现各自不同的应用。

从传统体系结构的视角来看，基于工具箱的体系结构并不是一类全新的体系结构，而是之前介绍的体系结构的具体应用。根据组织结构的不同，可以把基于工具箱的体系结构分为两类。

（1）紧密耦合结构。这类工具箱是以某个体系结构为蓝本而设计的中间件，利用这个中间件可以实现整个控制系统的开发，因此开发出来的控制系统一定属于此类体系结构。

（2）松散耦合结构。这类工具箱并不考虑整个系统的组织结构，它只为某些特定或者通用模块的开发提供便利。这些开发得到的模块可以以不同的方式互联，从而实现不同类型的体系结构。

下面几节分别对几个典型的基于工具箱的体系结构进行介绍。其中，MOOS属于紧密结构类型，ROS属于松散结构类型，分别在6.2节和6.3节中对它们进行介绍。

6.2　MOOS 体系结构

在所有基于工具箱的体系结构中，MOOS 体系结构[2-4]占据着举足轻重的地位，特别是在海洋机器人领域。它由 Newman 于 2001 年开始设计和编写，用于支持麻省理工学院（Massachusetts Institute of Technology，MIT）自主海洋机器人的开发，并最初应用于 MIT 的 Bluefin Odyssey III。它的易用性、平台对立性、可扩展性、可靠性，以及最重要的开源性等特点使它先后在多个国家的数十台机器人上得到应用，甚至成了大学课堂上的教学辅助工具。

MOOS 是 "mission oriented operating suite" 的缩写，意为面向使命的操作套件。它旨在提供：

（1）用于进程共享信息的标准化多平台方法。系统中的每个应用程序都继承一个通用的 MOOS 接口，该接口用于与其他应用程序通信，并控制应用程序执行其主要功能的相对频率。

（2）一组在移动机器人中履行普遍角色的关键进程。MOOS 提供了一组应用程序库，其功能范围包括多平台通信、动态控制、高精度导航和路径规划、并行任务仲裁和执行、载体安全管理、使命记录和回放等。

MOOS 中包含一个名为 IvP[①] Helm 的进程，该进程负责载体的自主决策。IvP Helm 是由 Benjamin 编写的[3,4]，他采用反应式体系结构的方法将使命分解为多个行为，每个行为的输出采用一个效用函数来描述。通过效用函数的加权求和，实现行为之间的协调。IvP Helm 和 MOOS 的其他部分分别负责载体的顶层和底层控

---

① IvP 是 "interval programming" 的缩写，本书将其译为区间规划。

制，为了彰显 IvP Helm 的特殊性和重要性，许多文献将 MOOS 体系结构称为 MOOS-IvP 体系结构。在不引起混淆的前提下，下文仍然使用 MOOS。

6.2.1 MOOS 的拓扑结构

MOOS 的主要作用是帮助研究者以较低的代价和较短的时间来实现高度自治系统的开发。与其他的体系结构一样，MOOS 的核心思想也是把整体的功能分解成相互分隔的模块。它的主要贡献在于提供了一个基本结构来协调这些模块，并且，用于基本结构和部分功能模块的算法和应用程序都是开源的。

MOOS 的设计思想如图 6.1 所示，它由三部分组成。①轮子的中心，它是 MOOS-IvP 系统的核心，用于其他模块的协调。对于 MOOS，这表示 MOOS 数据库（MOOS data base, MOOSDB）以及消息传送和时序安排的算法；对于 IvP Helm，这表示行为的管理和多目标优化器。②辐条，它表示软件的标准化封装，各模块通过它实现彼此间的交互。每个模块通过对超类的继承来获取关键的一般性功能，用于与系统核心的连接。③楔形，它表示执行某个特定功能的模块，对应于 MOOS 进程或者 IvP 行为。每个楔形模块在超类定义的封装的基础上，根据实际需要扩展自身的功能。图中的浅绿色楔形表示代码库中提供的对外公开的基本功能模块，而黄色的楔形是用户自定义的模块，用于扩展公共模块集合，共同组成一个特定应用的自主系统。

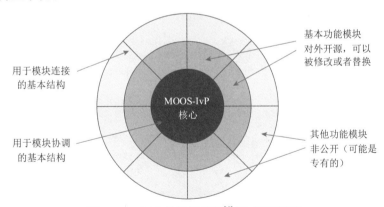

图 6.1　MOOS 的设计思想[4]（见书后彩图）

在系统的实现过程中，轮子的辐条和楔形模块是整合在一起的。因此，一个实际应用的 MOOS 自主系统一般由两个部分组成：MOOS-IvP 核心模块、MOOS 模块和 IvP 行为。其中后者又可以分成两种类别：MOOS 开源的或者第三方开发者提供的。这种设计方式的另一个目的是期望达到一个重要的平衡：有效的代码重用（公共的基本结构和开源模块）和用户隐私（自定义模块）之间的平衡。

某个 MOOS 系统应用实例的拓扑结构如图 6.2 所示。可以看到，MOOS 具有一个星形的拓扑结构，与 2.4.1 小节讨论的结构相同。位于系统中心的是 MOOSDB，每个应用程序都与它直接相连。在整个网络中，MOOSDB 相当于是一个中央服务器，而应用程序则对应于客户机，网络中的通信具有如下特点：

（1）无点对点通信，即应用程序之间无法直接通信。客户机只能将数据发送到 MOOSDB，并由 MOOSDB 转发给其他客户机。

（2）客户机和服务器之间的通信都是由客户机发起的，MOOSDB 绝对不会主动地去尝试联系任何一个应用程序。

（3）每个客户机都有一个唯一的名称。

（4）任何一个客户机对其他客户机的存在与否毫不知情。

（5）网络可以分布在任意数量的机器上，只要这些机器运行任何可以支持应用程序的操作系统。

（6）通信层支持的客户机之间的时钟同步和"时间加速"。

（7）数据可以采用"字符串"或"双精度"的小数据包或任意大的二进制数据包的形式发送。

这种集中式拓扑显然容易在服务器上受到瓶颈的限制。但 Newman 认为，这种设计的优点大于缺点[2]。首先，无论有多少个客户机参与，网络结构始终是简洁的；其次，服务器完全掌握所有的活动连接，可以负责分配通信资源。最后，客户机间接相连而且独立运行，可以防止彼此之间的相互干扰。

图 6.2 MOOS 的拓扑结构[2]

6.2.2 通信机制

MOOS 提供了一种基于"发布-订阅"结构和协议的中间件来实现系统内部的

通信。本小节首先介绍 MOOS 的数据包形式，随后介绍进程间的通信机制。

1. 数据包形式

MOOS 中的通信应用程序接口（application programming interface, API）允许数据在 MOOSDB 和客户机之间传输。MOOS 最初只允许将数据以字符串或双精度的形式发送，这些数据连同其他相关信息被打包成字符串消息（用逗号分隔的若干个"变量名=变量值"对），如表 6.1 所示。

表 6.1　MOOS 消息的内容

变量	含义
名字	数据的名字
字符串值	字符串形式的数据
双精度值	双精度实型数据
数据来源	将该数据发送给 MOOSDB 的客户机名字
辅助信息	补充的消息信息，例如 IvP 行为来源
时间	数据被写入的时间
数据类型	数据类型（字符串、双精度、二进制）
消息类型	消息类型（通常是通知）
社区[①]来源	消息源进程归属于哪个社区

在大部分情况下，MOOS 应用程序采用字符串消息来发送数据。与二进制消息相比，它的优点在于：

（1）字符串数据是自我解释的。无须额外的数据转换，研究人员就可以理解字符串的含义，这可以有效地提高系统开发调试的效率。同样的，以字符串形式进行记录的日志文件也便于研究人员进行实验分析和使命回放。

（2）所有数据都转换成相同的类型，因而应用程序传输的消息内容可以方便地增添或者删减，顺序也可以更改。

（3）不需要共享和同步头文件来确保发送方和接收方都了解如何解释数据，从而提高了系统的通用性。

当然，也有一些数据类型不适合以字符串的形式发送，例如图像和视频数据。针对这类需求，MOOS 在后来的版本中增加了对发送二进制大数据包的支持。对于这种情况，需要由用户来确保二进制数据可以被相应的客户机理解。

---

① 社区一词译自 community，一个 MOOS 社区指与某个 MOOSDB 相连的一组 MOOS 应用程序（进程）。这些应用程序通常运行在一台机器上，但也可以分布在网络上。

2. 通信机制

每个 MOOS 应用程序都是一个与 MOOSDB 连接的客户机，这个连接是在客户机端进行的，客户机通过一个线程来协调与 MOOSDB 的通信。这样就对应用程序的其余部分隐藏了通信的复杂性和时序安排，并提供了一组定义良好的方法来处理数据传输。

应用程序的接口由它生成的消息(发布)和使用的消息(订阅)来描述。它可以执行以下三种操作：

(1)发布数据：对命名数据发出通知。客户机可以在需要的时候调用 Notify 方法，指定要发布的变量名和对应的变量值，表 6.1 中描述的其余字段将自动填充。每次通知都会在客户端的"发件箱"中生成一个条目。当通信周期到来时，发送给 MOOSDB。(在最新版本中，将立即推送给 MOOSDB。)

(2)在命名数据上订阅(注册)通知。应用程序可以通过 Register 方法来订阅(注册)它感兴趣的数据。该方法指定数据的名称和希望被通知数据已更改的最大频率。如果指定的数据发生了变化，MOOSDB 将按照指定的频率生成一个通知。

(3)收集有关命名数据的通知。任何时候，应用程序都可以通过调用 Fetch 方法询问它是否收到来自 MOOSDB 的任何新通知。对 Fetch 的单次调用可能得到与同一命名数据对应的多个通知，这意味着自上次客户机-服务器通信以来，数据已经发生了多次更改。

客户机(应用程序)与服务器(MOOSDB)的交互机制如图 6.3 所示。客户机调

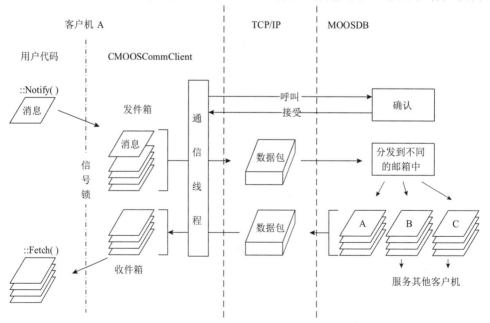

图 6.3 MOOS 中客户机与服务器交互的机制[2]

用 Notify 方法来传输数据。此方法将消息添加到发件箱(outbox)中，然后：①通信线程呼叫 MOOSDB；②当 MOOSDB 空闲时，它接受客户端的呼叫；③客户机将整个发件箱打包发送给服务器，服务器解析数据包并根据订阅要求将数据拷贝放在其他客户机的邮箱中；④服务器将当前客户机的邮箱压缩成一个包，并将其回复给客户机。此时，传输就完成了，服务器终止会话并等待与其他的客户机执行相同的流程。在接收到回复后，客户机通信线程将其解包，并将得到的消息放在客户机的收件箱(inbox)中。客户机可以通过调用 Fetch 方法随时提取该消息列表。

6.2.3　MOOS 的进程

MOOS 系统由一系列相互连接的模块组成，如图 6.2 所示。在运行时，每个模块对应于一个进程。采用进程而非线程主要出于以下两点考虑：首先，进程具有较好的独立性和稳定性，一个无赖进程不会破坏另一个进程的程序/数据空间；其次，使用小规模、独立的进程意味着开发人员可以使用他们擅长的方法来工作，这使不同研究领域的科研人员可以更好地合作完成系统的开发。与 MOOSDB 的连接使所有其他进程可以无缝集成，但又不会互相干扰。

1. MOOSDB

MOOSDB 是系统的核心，它是所有通信的枢纽。一方面，它可以看成是一个存储系统当前状态的实体。在这一点上，MOOSDB 与黑板是一致的。另一方面，二者在数据存取方式上却存在着很大的差异。黑板是一个共享数据集中存储区，它只存放最新的数据，应用程序可以自行对它进行读取或者修改；而 MOOSDB 则更像一个邮局，它负责数据的收取和分发。而且，MOOSDB 还帮助应用程序记录数据更改的历史。

2. 应用程序类进程

CMOOSApp 是应用于所有 MOOS 应用程序的基类，它提供：

（1）CMOOSCommClient 对象的管理和配置，用于应用程序与 MOOSDB 的通信。

（2）用于读取配置参数的工具。使命文件(*.moos)中设定了进程的部分参数，使用 CProcessConfigReader 类的文件读取工具 GetConfigurationParam()，可以读取进程的参数设置，用于进程的初始化。

（3）应用程序主线程和附加通信线程的时序控制。通过 AppTick 和 CommsTick 可以分别设置主线程的工作频率和应用程序与 MOOSDB 的通信频率。

（4）可以被重载来执行特定操作的虚函数：①OnNewMail（）用于处理 MOOSDB 发送给应用程序的消息；②Iterate（）负责实现应用程序的主要工作；③OnConnectTo Server（）用于将应用程序连接到 MOOSDB；④OnDisconnectFromServer（）用于断开应用程序与 MOOSDB 的连接；⑤OnStartUp（）用于应用程序的初始化。

CMOOSInstrument 是另一个重要的基类，它旨在简化通过串行端口与硬件进行交互的应用程序的编写。CMOOSInstrument 在 CMOOSApp 的基础上进行扩展以提供设置和管理独立于平台的串行端口的功能。根据设备的需求，可以将串行端口配置为同步或者异步模式，分别用于实现数据块的读写或者接收自发的数据流。

习惯上，纯运算的进程以"p"开头，例如图 6.2 中的 pHelmIvP、pAntler、pNav 和 pLogger 进程。它们来源于 CMOOSApp 类，除了与 MOOSDB 交互之外，不执行其他 I/O 操作。以"i"开头的进程通常是从 CMOOSInstrument 派生的，例如 iCompass、iDVL、iLBL、iDepth、iActuation、iBattery 等。它们通过串行端口（通常连接到硬件传感器）或非 MOOS 通信来执行某种 I/O 操作。此外，在某些系统中还存在着以"u"开头的进程，它们提供一些实用的工具，对系统的运行起到辅助的作用。例如 uGeodesy 将经纬度"Lat/Long"转换为本地网格（MOOSGrid）坐标。

3. 应用程序的运行流程

当 CMOOSApp 的派生类调用了函数 Run（）时，其运行流程如图 6.4 所示。平行四边形框指示用户将在何处编写新代码，以实现应用程序所需的功能。

1）OnStartUp 函数

OnStartUp（）是应用程序进行初始化的函数，在应用程序进入它自己的永久循环之前被调用。它的作用包括从使命文件中读取进程配置参数、建立与 MOOSDB 的连接 OnConnectToServer（），并订阅它感兴趣的数据 Register（）。

2）OnNewMail 函数

在迭代之前，应用程序将调用 Fetch（）确定是否存在新邮件，即其他进程是否更新了应用程序关注的数据。如果有，则调用 OnNewMail（）。在这个函数中，程序员可以自由地遍历消息列表，提取数据并进行相应的操作或处理。

3）Iterate 函数

Iterate（）是应用程序的核心函数，它承担着应用程序的大部分工作。作为 MOOS 应用程序的编写者，主要工作之一就是用代码充实这个函数，使应用程序做我们想做的事情。例如在 pHelmIvP 应用程序中，此函数将计算载体下一时刻的最佳决策，通常以指定载体航向、速度和深度的形式实现。

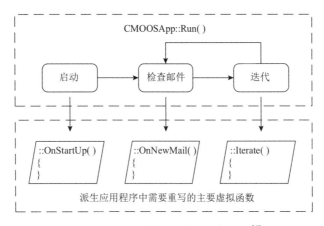

图 6.4　MOOS 应用程序的运行流程[4]

4. 常用进程

本要点介绍 MOOS 程序库中提供的一些常用进程。

1）导航进程 pNav

pNav 是 MOOS 中较复杂的进程之一。它利用扩展卡尔曼滤波器和非线性最小二乘滤波器，对传感器测量得到的异步的、过时的、不一致的数据进行处理，生成对载体位置、姿态和速度的最新估计。

pNav 输出的主要内容是 NAV_*家族，其中通配符是 X、Y、Z、DEPTH、PITCH、ROLL、YAW、SPEED、X_VEL、Y_VEL、Z_VEL 或者 YAW_VEL。如果某个数据可以通过多个方法获得（例如载体的位置可以通过 GPS 测得或者通过惯性导航推算），则 pNav 允许设置优先级队列来决定使用这些方法的先后顺序。例如，下面这行代码表示 X 数据优先使用 GPS 的测量值；当 GPS 已经 2s 未更新数据时，才使用扩展卡尔曼滤波器（extended Kalman filter, EKF）算法的估计值，该估计值的失效时间是 2.5s。

$$X = GPS @ 2.0, EKF @ 2.5$$

2）手动遥控进程 iRemote

iRemote 是一个已部署载体的控制终端，它主要起到两个作用。

第一，iRemote 允许操作人员基于键盘输入远程控制载体的执行器。该应用程序是多线程的，主线程根据用户的输入执行一些操作，例如，为推进器发布一个期望值。出于安全考虑，它的辅助线程会提示用户至少每 15s 点击一次确认键。如果驾驶员没有响应，所有执行器都设置为零位置。这可以有效地防止因为操作人员离开或者载体超出遥控范围而发生意外的情形。

第二，在大多数使命中，iRemote 是操作人员与载体的唯一接口。CMOOSApp 成员函数 MOOSDebugWrite 通过对 iRemote 订阅的变量发出通知来实现这一点。

通过这个接口，订阅的消息以及发布消息的进程将显示在 iRemote 控制台上。在运行时，为了避免屏幕上闪烁过多的信息，此功能一般仅显示导航状态和系统级警告的概括。

3）记录进程 pLogger

pLogger 进程用于记录 MOOS 使命的活动。它是一个非常重要的 MOOS 工具，用于数据采集、使命后分析、使命回放。pLogger 采用两种文件格式来记录数据，同步日志（.slog）和异步日志（.alog）。

同步日志是一个数据表。文件中的每一行对应于一个时间间隔，每一列表示给定变量随时间的演变。同步日志不会捕获所有发生的事情，而是对其进行采样。一般采用 MATLAB 电子表格等工具来查看同步日志的数据，显示任何记录变量随时间演变的情况，从而快速评估 MOOS 社区的行为。

异步日志记录是完整的，它能够记录 MOOSDB 的每个增量。异步日志的特点包括：①可以记录字符串和数值数据；②以列表的形式记录数据；③只有在写入变量时才进行记录。异步日志文件更多地用于使命回放。虽然处理字符串和数值数据会稍微增加此类程序的复杂性，但是在使命重放或者使命后分析期间，它能够暂停、减慢或者快进，这使应用程序的作用大幅提升。

此外，pLogger 进程还备份使命文件（*.moos）和任务重定向文件（*.hoof），并将它们放在日志目录中。

4）启动进程 pAntler

pAntler 进程提供了一种简单而紧凑的方法来启动一个由若干个进程组成的 MOOS 社区。例如，如果所需的使命文件是 Mission.moos，则执行：

pAntler Mission.moos

pAntler 将从使命文件中找到声明为 ProcessConfig=ANTLER 的配置块，并为以 "RUN=" 起始的每一行启动一个进程。当所有进程启动后，Antler 等待所有进程退出，然后自行退出。

5）自主决策进程 pHelmIvP

pHelmIvP 是负责载体自主决策的进程。相比其他进程，它有更复杂的内部结构，需要执行更多的运算。我们将在下一小节对它进行详细介绍。

6.2.4 IvP Helm

IvP Helm（简称 Helm）是一个 MOOS 应用程序。从表面上看，它与其他 MOOS 应用程序相同：它以单个进程（pHelmIvP 进程）运行，只通过发布订阅接口连接到 MOOSDB 进程。Helm 订阅它需要的传感器信息和其他信息用于做出决策。这些信息包括关于载体当前位置、姿态和轨迹的导航信息，关于其他载体的位置和状态信息，以及环境的信息。除此之外，Helm 还接收操作人员的控制指令。Helm

以一个稳定的频率发布载体的控制信息，通常是载体的期望航向、速度和深度等。此外，它还发布与自主状态相关的一些信息，这些信息一般用于使命监控、调试或者触发其他算法。

　　Helm 采用基于行为的体系结构来实现自主。行为是独立的软件模块，可以理解为迷你专家系统，专门用于载体自主性的特定方面。根据载体的状态和用户配置的状态空间，在任意时刻只有一部分行为处于活动状态。每个活动行为每次迭代的输出是一个效用函数，仲裁器对一组效用函数执行多目标优化，找到最佳的载体决策，并将其发布到 MOOSDB。Helm 的内部结构如图 6.5 所示。

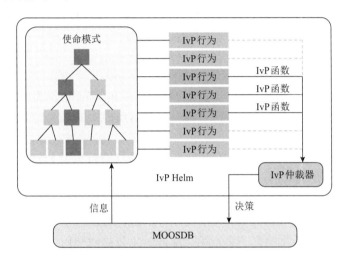

图 6.5　Helm 的内部结构[4]（见书后彩图）

1. Helm 的状态

　　Helm 可能处于"驾驶"（DRIVE）或者"停车"（PARK）状态。在"驾驶"状态下，Helm 负责载体的自主决策。在"停车"状态下，Helm 放弃对执行器的控制，此时载体可以通过 iRemote 进行遥控。默认情况下，Helm 在启动时将处于"停车"状态。

　　Helm 的状态转换可以通过外部或者内部两种方式来实现。其中，内部方式无法实现从"停车"状态到"驾驶"状态的转换。而且，无论采用何种方式，当 Helm 从"驾驶"转换到"停车"时，它会同时将 Helm 决策变量的值清零。

　　（1）外部方式主要用于操作人员向载体移交或者从载体收回控制权，它通过对 MOOS 变量 MOOS_MANUAL_OVERIDE 的操作来实现。向该变量写入"false"可以将 Helm 状态转换为"驾驶"；如果写入"true"，则转换为"停车"。

　　（2）内部方式主要用于自动驾驶过程中紧急状况的处理。当 Helm 在正常执行过程中检测到一个或多个潜在的错误时，将生成全停事件，进而将自身从"驾驶"

状态转换到"停车"状态(需要将 park_on_allstop 参数设置为"true")。全停的原因可能是：①没有活动的行为；②某个活动行为缺少关键参数，无法做出决策；③某个行为确定，出于某种原因，全停是必要的。

2. Helm 的内部循环

与其他 MOOS 应用程序一样，Helm 中包含一个循环，在该循环中实现 Helm 的基本功能。其基本流程分五个步骤。

(1)读取邮件并更新信息缓冲区。如果收件箱中有邮件，则 Helm 将在迭代之前执行 OnNewMail 函数来读取邮件，对其进行解析并存储在本地缓冲区中，供各个行为使用。每个行为都有一个指向缓冲区的指针，并且能够查询缓冲区中任何变量的当前值，或者获取自上一次迭代以来的变量值更改列表。所有的行为共用信息缓冲区可以确保每个行为都对相同的世界状态做出反应。

(2)模式评估。一旦信息缓冲区完成更新，Helm 将评估行为文件中指定的模式声明。(模式声明在 6.2.5 小节中介绍。)评估的结果将用于判定每个行为是否参与决策。

(3)行为参与。Helm 的大部分工作是通过给每个行为一个参与决策的机会来实现的。它按顺序查询每个行为，判定其运行条件是否满足，如果满足则生成输出。(查询顺序不会影响输出。)每个行为可能产生两种类型的信息。第一种是目标函数(也称为效用函数)，其形式是一个 IvP 函数。第二种是一个变量-值对的序列。在每一次迭代中，一个行为可能同时生成这两种信息，也可能只生成其中一种。

(4)行为协调。IvP 仲裁器收集所有活动行为的效用函数，对其进行加权求和并执行多目标优化，最终在 Helm 的决策空间上生成最优决策。对于决策中的每个变量，Helm 生成一个变量-值对。

(5)发布结果。在最后一步中，Helm 将前面两个步骤生成的变量-值对发布到 MOOSDB。其中，由行为生成的变量-值对可能会因为重复(变量值与上次发布相同)被过滤，但仲裁器生成的结果则一定会被发布。

上面描述的五个步骤是针对 Helm 处于"驾驶"状态而言的。当 Helm 处于"停车"状态时，第(1)步的读取新邮件和处理照常进行，就和 Helm 处于"驾驶"状态时一样。但是第(2)～(5)步的迭代将被简化成一个简单的动作，那就是将心跳字符输出到控制台上。

3. Helm 中行为的协调

在 Helm 的每次迭代中，每个活动行为的输出是一个效用函数。该函数是一个将 Helm 决策空间中的每个元素映射到效用值的目标函数，称为 IvP 函数。IvP

函数是分段线性定义的，每个分段都是决策空间中的一个区间，关联着一个线性函数。该线性函数是分段所覆盖区域的基本函数的最佳线性近似。

IvP 仲裁器收集每个行为产生的 IvP 函数及其对应的权重，在决策空间中寻找该加权求和问题的最优解。如果每个 IvP 目标函数都由 $f_i(\boldsymbol{x})$ 表示，并且每个函数的权重由 w_i 给出，则对包含 k 个函数的优化问题的求解方法如式(6.1)所示：

$$\boldsymbol{x}^* = \operatorname*{argmax}_{x} \sum_{i=0}^{k-1} w_i f_i(\boldsymbol{x}) \tag{6.1}$$

该算法的要点可以归纳如下：

(1)搜索树。搜索算法的结构是分支且有界的。搜索树的每一层对应一个 IvP 函数，每一层的节点由该 IvP 函数的各个分段组成。叶节点表示每个函数中的单个分段。如果树中某个节点的分段及其祖先节点的分段存在交集，即它们共享决策空间中的公共点，则该节点是可实现的。

(2)全局最优性。决策空间中的每一个点在每个 IvP 函数中都是一个分段，对应搜索树中的一个叶节点。如果搜索树完全展开或适当剪枝(仅当被剪掉的子树不包含最优解时)，则可以保证搜索产生全局最优解。IvP 仲裁器使用的搜索算法是从一个完全展开的树开始的，并使用适当的剪枝来保证全局的最佳性。该算法还允许在不保证全局最优的情况下寻求一个更快的解决方案(与全局最优的差距在设定范围内)。

(3)初始解。有效的分支且有界算法的一个关键因素是为搜索提供一个合适的初始解。在 Helm 中，使用的初始解是在上一次迭代中生成的决策。在实践中，这使得搜索的速度提高了一倍。

4. 备用 Helm

备用 Helm 是 Helm 应用程序的另一个实例，它与主 Helm 一起运行，但配置了不同的使命和(或)行为。一般的，备用 helm 配置了一组更简单、更保守的行为，这些行为聚焦在载体的安全回收上。这样做可以降低主 Helm 失效而导致的风险。

当主 Helm 正常工作时，备用 Helm 处于待命状态。它将读取和处理收件箱中的所有邮件，并更新信息缓冲区。在每一轮的迭代过程中，除了将心跳字符发送到终端之外(如果配置为这样做)，它不会调用任何行为去做任何事情。

当备用 Helm 连续一段时间未接收到主 Helm 的心跳信号[①]时，判定主 Helm 发生了故障并启动接管。它的运行流程与主 Helm 正常工作时完全相同。但因为它配置了不同的行为，因此工作内容与主 Helm 有较大的不同。根据主 Helm 故障原因的不同，备用 Helm 接管以后可能发生的结果略有差异。

---

① 在每次迭代中，Helm 通过向 IVPHELM_STATE 变量发布一个更新来产生一个心跳信号。

1）主 Helm 崩溃

崩溃是指代码导致进程在没有警告的情况下意外退出。此时，主 Helm 进程已经不复存在，它不再向 MOOSDB 发布更新。在备用 Helm 全面接管主 Helm 的工作后，没有其他相关的后续事件发生。

2）主 Helm 挂起

挂起是指 Helm 进入一段代码，该代码需要花费太长时间或永远无法完成执行。这种情况相对复杂，因为主 Helm 可能只是暂时挂起。在某一时刻，它将结束挂起并继续工作，就好像载体仍然处在它的控制之下。此时，两个具有不同使命的 Helm 都认为它们是负责人。对于这种情况，载体控制权的交接顺序如下：

（1）主 Helm 因为悬挂长时间未发布心跳信号；

（2）备用 Helm 检测到主 Helm 心跳停止超过规定时限后启动接管；

（3）一段时间后，主 Helm 完成其迭代并发布 Helm 决策；

（4）主 Helm 在下一次迭代中注意到备用 Helm 已发出非待机心跳，将最后一次发布 Helm 决策（将所有期望输出清零），并进入到"禁止"状态；

（5）备用 Helm 继续处于控制状态，忽略主 Helm 暂时恢复时的影响。

这种情况下的关键问题是，即使备用 Helm 可能很久以前就已经接管，并且发布了一系列 Helm 决策。但主 Helm 确实在结束挂起时发布了一个与备用 Helm 完全不一致的决策。这里所做的假设是，在 Helm 决策序列中的一次性抖动是可以容忍的。这种抖动不会导致执行器因控制序列的突然变化而发生异常。

6.2.5 IvP Helm 的行为

行为是 Helm 的主要构成部分，每个行为负责载体自主性的某个方面。在任何一次迭代中，行为都可以通过生成一个效用函数来参与，从而影响 Helm 在其决策空间上的输出。但并不是所有的行为都会参与，这取决于它们是否满足预先设定的运行条件。

1. 行为的运行条件

在行为文件中列出了各个行为的运行条件，它们是简单的关系表达式或者关系表达式的布尔逻辑组合。其中，关系表达式可以是 MOOS 变量与变量值的比较或者 MOOS 变量的相互比较。例如：

condition =（DEPLOY=true）and（STATION_KEEP != true）

MOOS 还提供了层次化模式声明来简化运行条件的判断。模式声明采用树形结构，结构中的每一个节点对应于一个模式，每个模式的声明中包含若干个关系表达式。当某个模式的所有表达式都成立时，则说明系统运行于该模式。模式的声明还支持继承关系，子模式将继承父模式的所有条件，在此基础上可以添加额外的条件。整个层次化模式声明关联着一个特定的 MOOS 字符串变量（为方便表述，将它称为模式变量），因此，作为行为运行条件的关系表达式也可以是模式变量与模式值的比较，例如：

$$condition = (MODE==SURVEYING)$$

在 Helm 启动并读取模式声明之后，层次结构将保持不变。但是在每次循环过程中，当 Helm 读取邮件并更新信息缓冲区之后，它将根据层次结构中与节点相关的条件重置每个模式变量的值。随后，模式变量便可以用于行为运行条件的判断。

当某个行为的所有运行条件（以"condition="开头的关系表达式）都成立时，则该行为的运行条件成立，它将在本次循环中被执行。

2. 行为的状态

行为的状态是通过检查存储在 Helm 信息缓冲区中的 MOOS 变量来确定的。在 Helm 的任何一次循环中，每个行为可能处于以下四种状态之一。

空闲：如果行为尚未完成，并且不满足其运行条件，则该行为为空闲。Helm 将调用该行为的 onIdleState 函数。

运行：如果行为满足其运行条件且未完成，则该行为正在运行。Helm 将调用该行为的 onRunState 函数，从而为该行为提供一个输出效用函数的机会。

活动：活动状态是运行状态的特例。如果行为正在运行，并且确实生成了一个效用函数，则它是活动的。运行的行为并不处于活动状态的原因有很多。例如，当载体与障碍物的距离足够远时，某个避碰行为就处于运行但不活动的状态。

完成：当某个行为确定它已经完成时，它就处于完成状态。一旦行为处于完成状态，它将一直保持在该状态。一般的，当满足以下任一条件时，行为将判定自身已完成：

(1)已成功达到目标。例如,载体已经足够靠近一个路径点或者到达指定深度。

(2)在达到目标之前，它已经超时了。

(3)它已经"挨饿"了。当它所需的关键数据没有在规定的时间间隔内进行更新时，就会发生这种情况。

3. 行为的调用

Helm 在每次迭代中将调用每个行为的一系列函数,调用的内容和顺序取决于行为的状态。图 6.6 显示了 Helm 调用行为的基本流程。

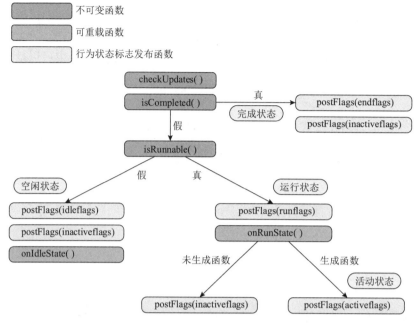

图 6.6　Helm 调用行为的基本流程[4]（见书后彩图）

IvPBehavior 超类提供了 Helm 在每次迭代中需要调用的函数，它们可以分为三类：

（1）无法被重新实现的不可变函数，对应于图中的红色和灰色模块。

checkUpdates 函数：在每次迭代中首先调用此函数，以处理对行为配置的动态更改请求，并应用于当前循环。

isCompleted 函数：此函数指示在上一次迭代中行为是否已经处于完成状态。

isRunnable 函数：此函数确定行为是否处于运行状态，它检查四件事情：①如果设置了行为的持续时间，则检查行为是否超时；②检查行为中的重要变量是否已经过时；③是否满足运行条件；④行为的决策域是 Helm 配置的 IvP 域的适当子集。

postFlags 函数：此函数根据行为状态来进行相应的发布。当行为的状态发生变化时，它将发布与新状态相关的变量-值对，这些变量-值对可以作为满足或者阻止其他行为的条件。虽然此函数不可重载，但其效果是可变的，因为与标志相关的变量-值对是在行为配置文件中指定的。

（2）可重载函数，对应于图中的绿色模块。

它们被定义为虚函数，因此新行为的开发者可以重载它们。通常，编写一个新行为的大部分工作是实现以下三个函数。

onRunState 函数：当行为处于运行状态时，Helm 调用该函数。这个函数实现了行为的大部分工作，并可能返回一个目标函数。onRunState 函数实现的典型步骤可以总结如下：①从信息缓冲区获取信息，并更新行为内部状态；②生成要发布到 MOOSDB 的消息；③如果有必要，产生一个目标函数；④返回。

onIdleState 函数：当行为处于空闲状态时，Helm 调用该函数。它可能涉及更新行为内部状态、生成变量-值对以发布到 MOOSDB，或者什么都不做。

setParam 函数：用于行为参数设置的函数。Helm 调用此函数来使用行为文件中提供的参数集对行为进行实例化。checkUpdates 函数也可以调用它来实现行为参数的动态更新。

(3)用户调用函数，这是在行为实现中调用的函数。

用户调用函数提供一些常用的操作，开发人员通常在编写 onRunState 和 onIdleState 函数的过程中调用。

4. 行为的通信

在每一次循环过程中，行为可能需要订阅和发布一些消息，即变量-值对。这对于行为本身以及行为之间的协调是非常重要的，对于为特定使命配置的行为的监控和调试也非常有用。准确地说，行为并不会向 MOOSDB 订阅和发布消息，作为 MOOS 应用程序的 Helm 才具有与 MOOSDB 进行通信的功能。因此，与行为相关的所有通信都是通过 Helm 辅助完成的。

Helm 中提供了一个名为信息缓冲区(info_buffer)的数据结构，用于反映 MOOSDB 中的信息子集。在每一次循环开始时，Helm 读取来自 MOOSDB 的邮件，并在调用每个行为之前，将更改反映到信息缓冲区中。在循环过程中，Helm 收集每个行为需要发布的更新，并在循环结束时统一发送给 MOOSDB。所有行为共享对信息缓冲区的访问，因此，它们具有完全相同的 MOOSDB 的信息子集。

对行为的通信而言，开发者只需要知道两件事：如何确保某些信息出现在缓冲区中，以及如何从行为中访问这些信息。

(1)请求在信息缓冲区中添加变量。行为的运行条件表达式以及 updates 和 nostarve 参数中涉及的所有 MOOS 变量都由 Helm 自动注册。行为的开发者可以通过 addInfoVars 函数向信息缓冲区中添加该行为需要用到的其他变量。

(2)从信息缓冲区获取变量信息。根据变量的类型是 double 还是 string，开发者可以使用 getBufferStringVal 或者 getBufferDoubleVal 函数从信息缓冲区查询变量值。

5. 行为的动态生成

某些情况下，我们无法提前确定完成使命目标所需的所有行为。假设 Helm

使用某类行为来处理载体与操作区域内的其他物体(其他载体或者障碍物)的接触,那么在使命规划人员配置 helm 行为文件时,可能不知道其他物体的类型和数量。虽然,可以只用一个避碰行为来处理所有的接触。但是,这么做有几个缺点。第一,为了生成一个适用于所有接触的目标函数,它需要在行为中实现一定程度的多目标优化。这可能比简单地为每个接触生成一个目标函数的计算代价要高得多。第二,对于不同的接触类型或避碰协议,采用不同类型的避碰行为也是有利的。为此,Helm 支持行为的动态生成为行为设计人员和使命规划人员提供了实现自治系统的另一个强大的可选项。

行为中的 templating 参数可用于将静态行为的详细设置转换为模板,以便在启动 Helm 后动态生成新行为。新行为的实例化请求是通过 updates 参数来接收的。该变量接收的更新通常用于行为参数的动态更改,但通过增加一个行为名字的参数,它也可以用于新行为的生成。如果指定的行为名字与当前已由 Helm 实例化的行为名字不同,则 Helm 会将其解释为新行为的生成请求。

所有行为,无论是在 Helm 启动时静态生成还是在使命期间动态生成,都可能死亡并从 Helm 中移除。死亡和移除是行为进入完成状态后将产生的部分结果。将参数配置为"true"的已完成行为在完成时将不会死亡。一旦一个行为死亡,它的名字将从 Helm 当前已生成行为的注册表中删除,并且可以在未来生成一个同名的新行为。

6.2.6 提供的行为

MOOS 提供了一组应用程序库,除了 6.2.3 小节中提到的常用进程外,还包括本小节介绍的常用行为。其中,第一部分介绍与载体自身相关的行为,第二部分介绍与接触物体相关的行为。

1. 与载体自身相关的行为

1)航路点行为(Waypoint behavior)
该行为用于将载体航渡到 x-y 平面中的一组指定航路点。它的主要参数是一组航路点坐标;其他参数包括航路点近邻区域的内半径和外半径,它们用于判定载体是否满足移动到下一个航路点的条件。该行为还提供了一些可选的配置方案,便于实现特殊的功能:
(1)可以让载体不是朝下一个路径点运动,而是转向上一个和下一个路径点之间的航路上的某个点。这是为了确保载体在风力或水流等外力作用下始终靠近航路,使该行为在一定程度上具有路径跟踪的能力。
(2)可以设置为无限期地"重复"一组航路点,或者设置为固定次数。
(3)可在启动时直接指定航路点,或在载体运行期间动态提供航路点。

(4)除了直接指定路径点之外，也可以采用输入几何图形图案的方式，例如多边形、割草机图案等。

2)边界检查行为(OpRegion behavior)

该行为提供四种不同类型的安全功能：①由 *x-y* 或 lat-lon 平面中的凸多边形给出的边界框；②总体超时；③深度限制；④高度限制。该行为不会产生目标函数来影响载体以避免违反这些安全约束。此行为仅监视这些约束并发布错误警示。错误警示将引发一个全停的指令，并可能使 Helm 转换到"停车"状态(当park_on_allstop 参数设置为"true"，详见 6.2.4 小节)。

3)游荡行为(Loiter behavior)

该行为使载体反复遍历一组航路点。(如果一开始离得比较远，则先航渡到最近的航路点。)这一组航路点构成一个凸多边形，而且它们是动态可重构的，因此使命控制模块可以将载体重新分配到不同的游荡区域。

虽然航路点行为也可以实现类似的效果，但该行为更适合于下面讨论的某些有用算法。第一，它利用了航路点行为中使用的非单调到达准则，以避免在航路点附近出现回环。第二，当载体因外部事件偏离游荡区时，它也能可靠地处理动态退出和重新进入该行为模式。

简单地说，航路点行为一般用于长距离的航渡；游荡行为一般用于在某个点附近的小区域内(无目的地)游荡，以等待某个事件的触发。

4)周期性调速行为(PeriodicSpeed behavior)

该行为会周期性地影响载体的速度。它包含忙碌(影响开启)和慵懒(影响关闭)两个模式，二者按照设定的时长交替往复。在忙碌模式下，它将生成一个关于速度的目标函数，从而影响载体的速度。

该行为一般用于装备了声学调制解调器的 AUV，它周期性地降低载体速度，以减少自噪声从而降低通信难度。它还可以指定一个标志(MOOS 变量和值)在周期开始时发布，以提示外部操作，如通信尝试的开始。

5)周期性浮出水面行为(PeriodicSurface behavior)

该行为会周期性地影响载体的深度和速度，目的是将载体带到水面，以实现某些用户指定的事件，通常是接收 GPS 定位。在事件完成之后，该行为将重置其内部时钟并保持空闲状态，直到下一个周期到来。

6)定深航行行为(ConstantDepth behavior)

该行为将驱动载体在指定深度运行。它只表示对特定深度的偏好。如果其他行为有别的深度偏好，则仲裁器将通过多目标优化过程进行协调。

7)分段定深航行行为(GoToDepth behavior)

该行为将驱动载体实现分段定深航行，每一段的深度和持续时间可以通过行为参数设定。该行为只表示对特定深度的偏好。如果其他行为有别的深度偏好，则仲裁器将通过多目标优化过程进行协调。

8）定向航行行为（ConstHeading behavior）

该行为将驱动载体朝指定方向航行。它仅表示对特定航向的偏好。如果其他行为有别的航向偏好，则仲裁器将通过多目标优化过程进行协调。

9）定速航行行为（ConstantSpeed behavior）

该行为将驱动载体以指定的速度航行。它只表示对特定速度的偏好。如果其他行为有别的速度偏好，则仲裁器将通过多目标优化过程进行协调。

10）最大深度行为（MaxDepth behavior）

该行为将驱动载体在配置的允许深度范围内航行。它只表示对特定深度的偏好。如果其他行为有别的深度偏好，则仲裁器将通过多目标优化过程进行协调。此行为与边界检查行为中的最大深度不同。最大深度行为会产生一个目标函数，以防止载体超过最大深度，从而对希望载体往更大深度航行的行为起到一定的抑制（缓和）作用。而边界检查没有试图影响载体深度，只是监视观察到的深度，如果超过深度，则会产生错误。

11）转向限制行为（MemTurnLimit behavior）

该行为的目的是避免载体转弯可能会与自己行进过的路径交叉，从而损坏被牵引设备的风险。它的配置主要包括两个参数：时间长度和转向范围。其中，时间长度指示当前的航向平均值是用最近多长时间范围内的数据计算得到的；转向范围指示载体的期望航向与当前航向平均值的最大偏差。这两个参数组合在一起可以实现对载体转弯半径的限制。该行为仅表示对特定航向的偏好。如果其他行为有别的航向偏好，则仲裁器将通过多目标优化过程进行协调。

12）静止保持行为（StationKeep behavior）

该行为旨在通过改变载体的速度，使载体在运行到静止点的过程中逐渐减速，并最终停在静止点附近。它的参数包括静止点周围的内外半径、外圈速度和巡航速度。在该行为下，载体首先以巡航速度航行至外圈附近，然后减速使载体以外圈速度抵达外圈。接着载体在内外圈之间线性减速（速度是载体到静止点距离的线性函数），并使载体进入内圈的时候速度为零并保持。

静止保持行为最初是为自动皮艇开发的。需要指出的是，载体的控制系统可能具有自带的静止保持模式。在这种情况下，此行为的激活可以被自治系统发出的调用静止保持模式的消息所取代。同样值得指出的是，大多数 UUV 是有正浮力的，如果被命令以零速度运行，它们只会浮到水面上。

13）计时器行为（Timer behavior）

计时器行为是一个独特的行为，因为它从不生成目标函数。除了从父类继承的功能外，它实际上没有其他功能。它主要用于设置计时器，进而计算观测到事件与事件结束之间的时间间隔。

14) 故障测试行为(TestFailure behavior)

Helm 与行为被编译成一个 MOOS 应用程序。尽管一些行为不需要重新编译(它们可以编译到运行时加载的共享库中),但是所有行为都作为单个 Helm 进程的一部分运行。因此,一个崩溃的行为会导致 Helm 崩溃。此外,Helm 在每次迭代中查询每个参与行为给它的输出。它不会在单独的线程中执行此操作,也没有为行为超时设置的默认回复。因此,一个挂起的行为会导致 Helm 挂起。

故障测试行为用于在两种可能的行为故障模式下测试 Helm。首先,使用assert(0)语句可以用来模拟行为的崩溃,从而导致 Helm 崩溃;然后,使用长循环可以用来模拟一种行为,这种行为消耗了足够多的时间,从而使等待 Helm 输出的消费者以为 Helm 被"悬挂"。该行为使 Helm 的实现和调试过程变得简单。

2. 与接触物体相关的行为

本要点描述与接触物体相关的行为,包括避碰行为、抵近行为、影子行为和跟踪行为。这些行为需要知道接触物体的名字、类型、位置、姿态、速度、深度、长度、模式、时间等信息,并进行适当的计算来得到未来一段时间内载体与接触物体的最近邻点(closest point of approach, CPA)。

行为的决策是通过载体的候选机动航段来实现的。候选机动航段由三个参数确定,分别是航向、速度和航段时间,即载体按指定的航向和速度航行指定的航段时间。其中,航向和速度是需要决策的变量,而航段时间是预先设定的参数。航段时间的设置会影响最近邻点的计算:设置得较长则倾向产生一些无畏的担忧,使行为更加保守;反之则更激进。

行为生成的目标函数是在航向和速度的可选范围内定义的。该域中某一点(航向-速度对)的函数值部分取决于由载体候选机动航段和接触物体机动航段(由接触物体的位置和轨迹形成)之间的最近邻点。

1) 避碰行为(AvoidCollision behavior)

该行为旨在避免与另一个指定载体发生碰撞(和接近碰撞)。这个行为的目标函数定义在航向和速度的可选范围内,对于定义域中的每个点(航向-速度对),用户可以基于计算得到的最近邻点生成一个目标函数值,用于候选机动动作的选择。

MOOS 还提供了另一个避碰行为(AvdColregs behavior),它与前一个避碰行为的主要区别在于它在目标函数的设计中充分考虑了美国海岸警卫队碰撞条例中的协议。

2) 抵近行为(CutRange behavior)

该行为的作用几乎与避碰行为相反,它将驱动载体减小自身与另一个指定载体之间的距离。

3）影子行为（Shadow behavior）

该行为将驱动载体沿着另一指定载体的轨迹行进。这个行为与抵近行为一起可以产生尾随（track and trail）的效果。

4）跟踪行为（Trail behavior）

该行为将驱动载体在给定的相对位置跟踪或跟随其他指定载体，可以用于多机器人编队航行。

6.2.7　调试工具

MOOS 还为应用程序的开发、使命的分析提供了多个工具。对于前者，用户可以与活动的 MOOS 社区进行交互，查看（scope）特定 MOOS 变量的当前值，或者将一个或者多个变量的值修改（poke）为期望值。对于后者，用户可以进行使命仿真、监控、回放等。

1. MOOSDB 的查询和修改

uMS：一个基于图形用户界面（graphic user interface, GUI）的 MOOS 查询工具，用于监视一个或多个 MOOSDB。它也提供了一种用于修改的方法。

uXMS：一个用于查询 MOOSDB 的基于终端的（非 GUI）工具。用户可以通过在命令行或 MOOS 配置块中显式地命名来精确地配置他们想查询的变量集合。变量集也可以通过命名一个或多个 MOOS 进程来配置，这些进程发布的所有变量都被列入查询范围。用户还可以查看单个变量的历史记录。

uPokeDB：一个轻量级的命令行工具，它通过命令行上提供的使命文件或 IP 地址和端口号与 MOOSDB 建立连接，并采用命令行上提供变量-值对对 MOOSDB 进行修改。在修改过程中，它会先显示变量修改前的值，然后修改，并等待数据库发送的邮件以确认修改的结果。

uTimerScript：允许用户编写一个脚本（包含一组预先配置的变量-值对）对 MOOSDB 进行修改，每个修改条目都将在指定的时间之后发生。脚本可能被暂停或快进。事件配置中可以包含随机值，从而让事件在选定时间窗口中的任意时刻发生。

uTermCommand：一个基于终端的工具，用于使用预定义的变量-值对修改 MOOSDB。用户可以为该工具配置快捷键以便快速地修改数据库。

2. 使命的仿真、监控和回放

uSimMarine：一个简单的三维载体仿真器，它根据当前的执行器值和先前的载体状态更新载体的状态、位置和轨迹。一般的，在实际仿真过程中，每个模拟的载体都关联着一个 uSimMarine 实例。

　　uSimCurrent：一个模拟水流影响的应用程序。它基于指定文件中提供的本地海流信息，根据载体的当前位置发布一个漂移矢量，提供给 uSimMarine 使用。

　　uMVS：一种多 AUV 仿真器，能够模拟任意数量的载体和载体之间的水声通信。载体模拟涵盖一个完整的 6 自由度载体模型，包括载体动力学、浮心/重心和速度相关阻力。声学模拟也相当精巧，它模拟了声波在水柱中以球壳形式的传播。

　　pMarineViewer：一个基于图形用户界面的工具，主要用于绘制二维平面上的载体路径，也可以根据用户配置的键盘或鼠标事件向 MOOSDB 发送消息。

　　uHelmScope：一个基于终端的工具，专门用于显示正在运行的 Helm 实例的相关信息，包括行为的概述、活动状态和最近向 MOOSDB 发布数据的行为。它也包含类似于 uXMS 的通用目的的查询功能。

　　uProcessWatc：此应用程序监视 MOOS 进程是否正常运行。它将生成被监视进程及其 CPU 负载的简明概要。需要被监视的进程可以在配置文件中指定，也可以从 Antler 启动块或者 DB_CLIENTS 列表中得到。当发现有一个或者多个进程不存在，它将通过 MOOS 变量 PROC_WATCH_SUMMARY 进行汇报。

　　uMAC：这是用于监视应用程序执行的工具。它在终端窗口中启动和运行，解析其所在的 MOOS 社区中应用程序生成的特定数据(appcasts)，或者与本地 MOOSDB 连接或共享的其他 MOOS 社区的特定数据，进而判定各应用程序的运行是否正常。uMAC 的主要优势在于，用户可以通过 ssh 指令远程登录载体，并在本地终端启动 uMAC。

　　uPlayBack：一个轻量级、跨平台的图形用户界面应用程序，它可以加载日志文件并将其重放到 MOOS 社区中，就好像数据的创建者确实在运行并发出通知一样。该程序的一个典型应用是在重新处理传感器数据和调整导航滤波器时"伪造"传感器进程的存在，用户可以利用图形界面选择哪些进程是"伪造"的。此外，它也可以在纯回放模式下完整地呈现使命的推演过程。

6.2.8　MOOS 的应用

　　MOOS-IvP 官网列出了基于 MOOS-IvP 实现控制系统开发的部分智能机器人，如图 6.7 所示。按从左上到右下的顺序，它们分别为：①MIT Bluefin 21-inch UUV；②Gavia UUV；③SeaRobotics USV-2600；④BAE Riptide UUV；⑤L3Harris Ocean Server Iver2 UUV；⑥Ocean Explorer UUV；⑦Sea Machines USV；⑧Clearpath Robotics Heron M300 USV；⑨REMUS-100；⑩Grizzly UGV；⑪Common Unmanned Surface Vehicle；⑫Liquide Robotics Wave Glider；⑬The Datamaran autonomous sailboat；⑭MIT WAM-V USV；⑮Autonomous Boston Whaler；⑯Reliant Knifefish prototype。

图 6.7　MOOS-IvP 的典型应用[4](见书后彩图)

　　包括上述载体在内的基于 MOOS-IvP 的智能机器人已经在多个领域得到广泛应用，包括海洋学数据采集[5]、冷水珊瑚、渔业、考古遗址和海底基础设施调查和检查[6]、海洋传感网[7-10]、港口保护[11]、军事用途(如反水雷)[12,13]等。除了这些实际应用之外，部分基于 MOOS-IvP 的智能机器人还作为算法研究的实验平台，包括路径规划[14]、轨迹跟踪控制[15]、自适应采样[16]、障碍躲避[17]、水声通信和感知优化[18]、基于单信标的自主返航[19]等。另外，还有部分研究机构采用 MOOS-IvP 完成了机器人的开发，但尚未得到具体的应用[20-25]。

6.3　ROS 体系结构

　　ROS 是一个适用于机器人的开源的元操作系统[26, 27]。它提供了操作系统应有的服务，包括硬件抽象、底层设备控制、常用功能的实现、进程间的消息传递以及包管理。它还为跨平台代码的获取、编译、编写和运行提供所需的工具和库函数。
　　ROS 并不期望成为一个集成大多数功能或特征的框架。相反，ROS 的主要目标是为机器人研究和开发提供代码复用的支持。ROS 是一个分布式的进程(节点)框架，它使可执行文件能够单独设计并在运行时松散耦合。这些进程被封装在易于分享和发布的功能包(packages)和功能包集(stacks)中。ROS 也支持一种类似于代码储存库(repositories)的联合系统，从而可以实现分布式的协作。这种设计(从文件系统层到社区层)支持开发和实现的独立决策，而且所有的工作都可以通过 ROS 的基本工具整合到一起。

为了支持分享和协作这个主要目的，ROS 框架包含以下几个目标。

小型化：ROS 被设计得尽可能地小，它不封装开发者的 main 函数，因此为 ROS 编写的代码可以轻松地在其他机器人软件平台上使用。所以，ROS 很容易与其他机器人软件框架集成。

ROS 不敏感库：首选的开发模型是编写具有干净功能接口的不依赖于 ROS 的函数库。

语言独立性：ROS 框架易于在任何现代编程语言中实现。ROS 设计者已经实现了 Python 版本、C++版本和 LISP 版本。同时，也拥有 Java 和 Lua 版本的实验库。

方便测试：ROS 内置了一个称为 rostest 的单元/集成测试框架，可以方便地安装或卸载测试模块。

扩展性：ROS 可以用于大型运行系统和大型程序开发。

ROS 目前只在基于 Unix 的平台上运行。ROS 的软件主要在 Ubuntu 和 Mac OS X 系统上测试，但 ROS 社团一直在为 Fedora、Gentoo、Arch Linux 和其他 Linux 平台提供支持。

ROS 系统包含三个层次的概念：计算图层、文件系统层、社区层。简单地说，这是了解 ROS 系统的三个不同的角度：计算图层描述了系统的运行机制；文件系统层侧重于 ROS 系统对文件的管理；社区层则用于 ROS 开发者与用户以及用户之间的共享和交流。除了这三个层次的概念外，ROS 还定义了两种类型的名称：计算图源名称和功能包源名称。这些内容将在下面几小节分别介绍。

6.3.1 计算图层

计算图是一起处理数据的 ROS 进程构成的点对点网络，它采用基于 ROS 通信的方式松散耦合。ROS 实现了几种不同的通信方式，包括基于同步远程过程调用(remote procedure call, RPC)通信的服务机制，基于异步数据流的话题机制以及用于数据存储的参数服务器。

ROS 基本的计算图层概念是指节点(nodes)、节点管理器(master)、参数服务器(parameter server)、消息(messages)、话题(topics)、服务(services)和消息数据包(bags)，它们通过不同的方式向计算图提供数据。

1. 节点

节点是执行计算的进程，通过 ROS 客户端库(如 roscpp 或 rospy)编写。节点组合成一个图，并使用话题、服务和参数服务器彼此通信。ROS 被设计为细颗粒的模块化系统，一个机器人控制系统通常由很多节点组成。例如，一个节点控制激光测距仪，一个节点控制机器人的车轮马达，一个节点执行定位，一个节点执行路径规划，一个节点提供系统的平面图，等等。

ROS 中节点的使用为整个系统带来了几个好处。由于节点之间彼此隔离，崩溃被限制在单个节点内，因此提高了系统的容错性。与整体系统相比，代码复杂性降低了。节点只向系统的其余部分公开了必要的接口，而具体的实现细节得到了很好的隐藏。一个 ROS 节点包含几个 API：

(1) 一个从 API。从 API 是一个 XMLRPC[①] API，它有两个角色，即接收来自节点管理器的回调，以及与其他节点协商连接。

(2) 一个话题传输协议的实现。节点使用约定的协议彼此建立话题连接。

(3) 一个命令行 API。每个节点都应该支持命令行参数重映射，这样可以在运行时配置节点内的名称。

每个节点都有一个统一资源标识符(uniform resource identifier, URI)，它对应于节点正在运行的 XMLRPC 服务器的主机和端口。XMLRPC 服务器不用于传输话题或服务数据，而是用于与其他节点协商连接，并用于与节点管理器通信。该服务器是在 ROS 客户端库中创建和管理的，但用户通常看不到。XMLRPC 服务器可以绑定到运行节点主机上的任何端口。

XMLRPC 服务器提供一个从 API，使节点能够从节点管理器接收发布更新的调用。这些发布更新包含话题的名称和发布该话题节点的 URI 列表。XMLRPC服务器还将接收来自寻求话题连接的订阅者的调用。通常，当节点收到发布者更新时，它将连接到任何新的发布者。

当订阅者使用发布者的 XMLRPC 服务器请求话题连接时，将协商话题传输。订阅者向发布者发送可用协议的列表。然后，发布者从该列表中选择一个协议，比如 TCPROS，并返回该协议的必要设置[例如，传输控制协议/互联协议(transmission control protocol/internet protocol, TCP/IP)服务器套接字的 IP 地址和端口]。接着，订阅者使用提供的设置建立单独的连接。

2. 节点管理器

ROS 节点管理器为 ROS 系统中的其余节点提供名称注册和查找服务。它提供注册 API，允许节点注册成为消息发布者、消息订阅者和服务提供者。同时，它跟踪话题和服务的发布者和订阅者，使同一个话题或者服务的发布者和订阅者能够彼此定位。一旦这些节点彼此定位，它们就可以进行直接通信。当注册信息

---

① XMLRPC 是一个无状态的、基于 HTTP 的远程过程调用协议。一个 XMLRPC 消息就是一个请求体为 XML的 http-post 请求，被调用的方法在服务器端执行并将执行结果以 XML 格式编码后返回。

更改时，节点管理器还将回调这些节点，这使原有节点在新节点加入时可以动态创建连接。没有节点管理器，节点将无法找到彼此、交换消息或调用服务。具体的消息传递和服务调用过程将在本小节的后续部分介绍。

节点管理器是通过 XMLRPC 实现的。选择 XMLRPC 主要是因为它是轻量级的、不需要有状态的连接，并且在各种编程语言中具有广泛的可用性。节点管理器有一个 URI，存储在 ROS_MASTER_URI 环境变量中。这个 URI 对应于它正在运行的 XMLRPC 服务器的主机和端口(host:port)。默认情况下，节点管理器将绑定到端口 11311。

3. 参数服务器

参数服务器是一个共享的多变量字典，它允许数据按关键字存储在一个中心位置。节点使用此服务器在运行时存储和检索参数。由于它设计的重点不在于性能，所以最好用于静态、非二进制数据，如配置参数。它是全局可见的，这样工具就可以轻松地检查系统的配置状态，并在必要时进行修改。

尽管参数服务器实际上是 ROS 节点管理器的一部分，但一般将其 API 作为一个单独的实体来讨论，以便将来能够实现分离。与节点管理器的 API 一样，参数服务器的 API 也通过 XMLRPC 来实现。使用 XMLRPC 可以方便地与 ROS 客户端库集成，并且在存储和取回数据时在类型方面具有更大的灵活性。

参数的命名使用常规的 ROS 命名约定。这意味着 ROS 参数具有与话题和节点使用的命名空间相匹配的层次结构。这种层次结构旨在防止参数名发生冲突。分层方案还允许单独或以树的形式访问参数。用户也可以在参数服务器上存储字典(即结构)，尽管它们有特殊的含义。参数服务器可以存储基本的 XMLRPC 标量(32 位整型、布尔型、字符串、双精度实型、ISO8601 日期)、列表和 base64 编码的二进制数据。

4. 消息

节点之间通过传递消息进行通信。一个消息是一种数据结构，由若干个带有类型的字段组成。ROS 支持标准基本类型(整型、浮点型、布尔型等)，也支持基本类型的数组。消息可以包含任意嵌套的结构和数组(很像 C 结构)。

消息类型使用标准的 ROS 命名约定：功能包的名称加"/"加消息文件的名称。除了消息类型之外，消息的版本由消息文件的 MD5 校验码来控制。当消息类型和 MD5 校验码匹配时，节点之间才能相互通信。

ROS 客户端库实现了消息生成器来将消息文件转换为源代码。尽管大部分的细节是通过包含一些常见的构建规则来处理的，这些消息生成器必须从生成脚本中调用。

消息可能包含一个称为"header"的特殊消息类型，该类型包含一些常见的元数据字段，如时间戳和帧 ID。当用户需要时，ROS 客户端库将自动设置其中一些字段，因此强烈建议使用它们。header 消息中有三个字段。seq 字段对应于一个 ID，该 ID 随着（来自给定发布者的）消息发送而自动增加。stamp 字段存储应与消息中的数据关联的时间信息。例如，在激光扫描的情况下，标记可能对应于扫描的时间。frame_id 字段存储消息中与数据关联的坐标信息。在激光扫描的情况下，这将被设置为扫描的坐标。

5. 话题

消息通过一个具有发布和订阅功能的传输系统来传送，这是一种单向流式通信。话题是用于标识消息内容的名称。节点通过将消息发布到指定话题来发送消息。对某类数据感兴趣的节点可以订阅相应的话题。单个话题可能同时有多个发布者和订阅者，单个节点可以发布和（或）订阅多个话题。一般来说，发布者和订阅者并不知道彼此的存在。其理念是将信息的生产与消费脱钩。从逻辑上讲，可以将话题看成强类型消息总线。每个总线都有一个名称，任何人都可以连接到总线来发送或接收消息，只要它们是正确的类型。

ROS 目前支持基于 TCP/IP 和基于用户数据报协议（user datagram protocol, UDP）的消息传输。基于 TCP/IP 的传输称为 TCPROS，它是 ROS 中使用的默认传输协议。由于 TCP 提供了一个简单、可靠的通信流，因此得到了广泛的应用。TCP 数据包总是按顺序传递，丢失的数据包将重新发送直到被准确接收。虽然这对于有线以太网是很好的方法，但当潜在的网络是一个有损的 Wi-Fi 或蜂窝调制解调器连接时，TCP 方案会存在较大的问题，在这种情况下，UDP 更合适。当多个订阅者分组在一个子网上时，发布者通过 UDP 广播与所有订阅者同时通信可能是最有效的。基于 UDP 的传输称为 UDPROS，目前仅支持在 roscpp 中使用，它将消息分为 UDP 包。UDPROS 是一种低延迟、有损传输，因此最适合远程操作等任务。

对于如何交换消息数据，每个传输都有自己的协议。ROS 节点在运行时协商期望的传输协议。给定发布者 URI，订阅节点使用适当的传输，通过 XMLRPC 与该发布者协商连接。协商的结果是两个节点连接在一起，消息从发布者流到订阅者。例如，如果一个节点期望采用 UDPROS 传输，但另一个节点不支持它，那么它可以退回到 TCPROS 传输协议。

消息以非常紧凑的表示形式传输，大致对应于以小端格式对消息数据进行的类似 C 结构的序列化。紧凑的表示形式意味着两个通信节点必须在消息数据的布局上达成一致。节点管理器不强制要求发布者之间的类型一致，但订阅者将不会建立消息传输，除非类型匹配。此外，所有的 ROS 客户端都会检查并确保从消息文件计算出的 MD5 校验和匹配。需要强调的是，节点之间通过适当的传输机制直接通信。数据不通过节点管理器路由，XMLRPC 系统仅用于协商数据连接。

总之，两个节点开始交换消息的顺序是：

(1)订阅者启动。它读取其命令行重映射参数以解析将使用的话题名称(参数重映射)。

(2)发布者启动。它读取其命令行重映射参数以解析将使用的话题名称(参数重映射)。

(3)订阅者向节点管理器注册(XMLRPC)。

(4)发布者向节点管理器注册(XMLRPC)。

(5)节点管理器通知订阅者新的发布者(XMLRPC)。

(6)订阅者联系发布者以请求话题连接并协商传输协议(XMLRPC)。

(7)发布者向订阅者发送所选传输协议的设置(XMLRPC)。

(8)订阅者使用选定的传输协议连接到发布者(TCPROS 等)。

6. 服务

发布/订阅模型是一种非常灵活的通信模式，但是它多对多、单向的传输方式不适用于分布式系统中经常需要的请求/应答交互。请求/应答是通过服务完成的，服务定义为一对消息结构：一个用于请求，一个用于应答。一个指定的 ROS 节点提供某个名称的服务，客户机通过发送请求消息并等待应答来使用该服务。ROS 客户端库通常把这种交互方式呈现为就好像它是一个远程程序调用。

服务可以看作是话题的简化版本。虽然话题可以有许多发布者，但服务的提供者只能有一个。向节点管理器注册的最新节点被视为当前的服务提供者。由于新服务注册时没有来自节点管理器的回调，许多客户端库提供了一个"等待服务"API 方法。该方法不断查询节点管理器，直到出现服务注册。

服务的过程如下：

(1)服务提供者向节点管理器注册服务。

(2)服务客户端向节点管理器查询服务。

(3)服务客户端与服务提供者创建 TCP/IP 连接。

(4)服务客户端和服务提供者交换连接头。

(5)服务客户端发送请求消息序列。

(6)服务提供者用响应消息序列答复。

默认情况下，服务连接是无状态的。对于客户端希望进行的每个调用，它重复在节点管理器上查找服务并通过新连接交换请求/响应数据的步骤。无状态方法通常更健壮，因为它允许服务节点重新启动，但是如果频繁地对同一个服务进行重复调用，则开销可能很高。ROS 允许服务的持久连接，这为重复调用服务提供了非常高效率的连接。使用这些持久连接，客户端和服务之间的连接保持开启状态，以便服务客户端可以持续通过连接发送请求。对于持久连接的使用应格外小心。如果出现新的服务提供者，它不会中断正在进行的连接。同样，如果持久连接失败，也不会尝试重新连接。

与话题类似，服务具有关联的服务类型，即.srv 文件的功能包资源名称。与其他基于 ROS 文件系统的类型一样，服务类型是功能包名称加.srv 文件的名称。除了服务类型之外，服务的版本由.srv 文件的 MD5 校验和来控制。只有服务类型和 MD5 校验和匹配时，节点才能进行服务调用。这确保了客户端和服务器代码是从一致的代码库构建的。

7. 消息数据包

消息数据包是用于保存和回放 ROS 消息数据的格式，它是存储数据（如传感器数据）的重要机制。这些数据可能难以收集，但对于开发和测试算法是十分重要的。开发者已经编写了各种工具，让用户存储、处理、分析和可视化它们。

1）在计算图中的在线使用

消息数据包通常由一个工具（如 rosbag）创建，该工具订阅一个或多个 ROS 话题，并在接收时将序列化消息数据存储在文件中。这些包文件也可以在 ROS 中回放到原来的话题，甚至可以重新映射到新话题。

尽管用户可能会遇到在消息数据中存储时间戳数据的问题，但是在 ROS 计算图中使用包文件通常与让 ROS 节点发送相同的数据没有什么不同。因此，rosbag工具包含一个发布模拟时钟的选项，该时钟与数据记录在文件中的时间相对应。

消息数据包文件格式对于记录和回放都非常有效，因为消息的存储方式与消息在 ROS 网络传输层中使用的表示方式相同。

2）离线使用和数据迁移

消息数据包是 ROS 中用于数据记录的主要机制，这意味着它们具有多种离线用途。研究人员已经使用消息数据包文件工具链来记录数据集，然后可视化、标记它们，并存储它们以备将来使用。

像 rqt_bag 这样的工具可以让用户在一个消息数据包文件中用可视化的方式查阅数据，包括地图标示和显示图像。用户还可以在控制台使用 rostopic 命令快速检查消息数据包文件数据。rostopic 支持列出消息数据包文件话题以及将数据回送到屏幕。

rosrecord 功能包中也有可编程 API，它为 C++和 Python 功能包提供对存储消息进行迭代的功能。为了更快地对消息数据包文件进行操作，rosbag 工具支持对包文件进行重新打包，这允许用户提取与特定滤波器匹配的消息到新的包文件。

存储在消息数据包文件中的数据通常非常有价值，因此消息数据包文件也被设计为在更新消息文件时易于迁移。消息数据包文件格式存储相应消息数据的消息文件，并且像 rosbagmigration 这样的工具允许用户编写规则，以便在包文件过期时自动更新它们。

6.3.2　文件系统层

文件系统层概念主要指磁盘上能看到的 ROS 资源，包括以下几种形式。

1. 功能包

功能包是在 ROS 中组织软件的主要单元。一个功能包可能包含 ROS 运行进程（节点）、一个依赖于 ROS 的库、数据集、配置文件以及任何其他有用的组织在一起的文件。功能包是 ROS 中最基本的构建单位和发布单位，也就是说，功能包是开发者可以构建和发布的最小粒度的东西。

2. 功能包清单（package manifests）

功能包清单是名为 package.xml 的 XML 文件，它提供有关功能包的元数据，包括它的名称、功能版本、描述、许可证信息、依赖关系和其他元信息（如导出的功能包）。

（1）每个 package.xml 文件都有一个<package>标记作为文档中的根标签。

（2）一个完整的功能包清单至少需要包含以下标签，嵌套在<package>标签中。

name：功能包的名称。

version：功能包的版本号。

description：功能包内容的描述。

maintainer：正在维护功能包的人员的姓名。

license：发布代码的软件许可证（例如 GPL、BSD、ASL）。

（3）功能包可以有六种类型的依赖关系。

生成依赖：指定生成此功能包所需的其他功能包。

生成导出依赖：指定该功能包的生成库所需的功能包。

执行依赖：指定运行该功能包中的代码所需的功能包。

测试依赖：仅为单元测试指定附加依赖。（它们不应该与任何构建依赖或运行依赖重复。）

生成工具依赖：指定此功能包用于构建自身所需要的生成系统工具。

文档工具依赖：指定此功能包生成文档所需的文档工具。

3. 元功能包（metapackages）

通常将多个功能包组合为一个逻辑包会带来许多方便，这可以通过元功能包实现。除了必需的对 catkin 的生成工具依赖之外，元功能包只能对其分组的功能包具有执行依赖。此外，元功能包还有一个必需的样板 cmakelists.txt 文件。

4. 代码库

代码库是共享一个公共版本控制系统(version control system, VCS)功能包的集合。共享 VCS 功能包共享同一版本，并且可以使用 catkin 自动发布工具(bloom)一起发布。

5. 消息类型

消息类型是消息的描述，定义了 ROS 中传输消息的数据结构。

6. 服务类型

服务类型是服务的描述，定义了 ROS 中服务请求和响应的数据结构。

6.3.3　社区层

ROS 社区层概念是指 ROS 资源，它使不同的社区能够对软件和知识进行交流。这些资源包括以下内容。

(1)发行版本：ROS 发行版本是一系列带有版本号的功能包集，可以用来安装 ROS。ROS 发行版本与 Linux 发行版本类似，它们使安装软件集合变得更容易，而且通过一组软件来维持版本的一致。

(2)代码库：ROS 依赖于一个由代码库组成的联合网络，在那里不同的机构可以开发和发布自己的机器人软件组件。

(3)ROS 社区百科：ROS 社区百科是记录 ROS 信息的主要论坛。任何人都可以注册一个账户并发布自己的文档，提供修正或更新，编写教程，等等。

(4)bug 标签系统：用户发现并提交 bug 的系统。

(5)邮件列表:ROS 用户邮件列表是用户获取有关 ROS 更新的主要通信渠道，也是对 ROS 软件相关问题进行咨询的论坛。

(6)ROS 问答：提问和回答 ROS 相关问题的网址。

(7)博客：ros.org 博客提供定期的更新，包括照片和视频。

6.3.4　名称

1. 计算图源名称

计算图源名称提供了一个分层命名结构，用于 ROS 计算图中的所有资源，如节点、参数、话题和服务。这些名称在 ROS 中非常有用，在构建更大更复杂的系统时会变得更加重要。

计算图源名称是 ROS 中提供封装的重要机制。每个资源都定义在一个命名空间中，它可以与许多其他资源共享命名空间。一般来说，资源可以在其命名空间内创建资源，并且可以在自己的命名空间内或者上一级命名空间内访问资源。不同命名空间中的资源之间可以建立连接，不过这通常是通过在两个命名空间之上集成代码来实现。这种封装将系统的不同部分隔离开来，避免意外地获取错误的命名资源或全局劫持名称。

名称是相对于命名空间进行解析的，因此资源不需要知道它们在哪个命名空间中。这简化了编程，因为开发者在编写协同工作的节点时可以当作它们都在顶层命名空间中。当这些节点集成到一个更大的系统中时，可以将它们"下放"到定义它们代码集合的命名空间中。需要对整个计算图可见的工具(例如图形可视化)或者参数可以由顶层节点来创建。

1) 有效名称

有效名称具有以下特征：

(1) 第一个字符是字母([a～z|A～Z])、波浪符(～)或正斜杠(/)；

(2) 后面的字符可以是字母或数字([0～9|a～z|A～Z])、下划线(_)或正斜杠(/)。

注意：基本名称中不能有正斜杠(/)或波浪符(～)。

2) 名称解析

ROS 中有四种类型的计算图源名称：基本、相对、全局和私有。其语法规则如下：

base
relative/name
/global/name
～private/name

默认情况下，名称是相对于节点的命名空间来解析的。例如，节点/wg/node1具有命名空间/wg，因此名称 node2 将解析为/wg/node2。

没有命名空间限定符的名称都是基本名称。基本名称实际上是相对名称的一个子类，具有相同的解析规则。基本名称最常用于初始化节点名称。

以"/"开头的名称是全局名称，它们是完全解析的。开发者应尽量避免使用全局名称，因为这会限制代码的可移植性。

以"～"开头的名称是私有名称。它们将节点的名称转换为命名空间。例如，命名空间/wg/中的 node1 具有私有命名空间/wg/node1。私有名称对于通过参数服务器将参数传递到特定节点非常有用。

3) 重映射

在命令行启动节点时，可以重新映射节点中的任何 ROS 名称。这是 ROS 的一个强大功能，允许用户从命令行在多个配置下启动同一个节点。所有资源名称都可以重新映射。ROS 的这个特性允许用户将复杂的名称分配推迟到系统的实际运行时加载。

4)"向下推"

ROS_NAMESPACE 环境变量允许用户更改正在启动的节点的名称空间，这样可以有效地重新映射该节点中的所有名称。当所有节点在全局名称空间中启动时，实际上这会将其"向下推"到子名称空间中。更改节点的名称空间是集成代码的一种简单机制，因为节点中的所有名称(节点名称、话题、服务和参数)都将重新调整。注意：为了使此功能正常工作，应该避免使用全局名称，而是使用相对名称和私有名称。

2. 功能包源名称

功能包源名称对应于 ROS 中的文件系统层概念，用来简化对磁盘上的文件和数据类型的引用过程。功能包源名称非常简单：它们是资源所在的功能包名称加上资源的名称。例如，名称"std_msgs/String"是指"std_msgs"功能包中的"String"消息类型。

使用功能包源名称引用的一些 ROS 相关文件包括消息类型、服务类型和节点类型。功能包源名称与文件路径非常相似，只是它们要短得多。这是由于 ROS 能够在磁盘上定位功能包并对其内容进行额外假设。例如，消息文件总是存储在 msg 子目录中并具有.msg 扩展名，服务文件则存储在 srv 子目录中并具有.srv 扩展名。因此 std_msgs/String 是 path/to/std_msgs/msg/String.msg 的缩写。同样，节点类型 foo/bar 相当于在功能包 foo 中搜索具有可执行权限的名为 bar 的文件。

功能包源名称具有严格的命名规则，因为它们通常用于自动生成的代码中。因此，ROS 功能包不能有下划线以外的特殊字符，并且必须以字母开头。有效名称具有以下特征：

(1)第一个字符是字母([a~z|A~Z])；

(2)后面的字符可以是字母或数字([0~9|a~z|A~Z])、下划线(_)或正斜杠(/)；

(3)最多有一个正斜杠("/")。

6.3.5 客户端库

ROS 客户端库是一个代码库，用于简化 ROS 程序员的工作。它针对 ROS 中的概念提供了相应的代码实现，包括 ROS 节点的编写、话题的发布和订阅、服务的编写和调用以及参数服务器的使用。ROS 客户端库可以用任何编程语言来实现，目标主要是针对 C++和 Python 提供强大的支持。几个主要的客户端库如下。

roscpp：roscpp 是 ROS 的 C++客户端库。它是应用最广泛的 ROS 客户端库，旨在成为 ROS 的高性能库。

rospy：rospy 是用于 ROS 的纯 Python 客户端库，旨在为 ROS 提供面向对象的脚本语言的便利。rospy 的设计注重开发效率而不是运行效率，因此算法可以在 ROS 中快速实现并测试。它也是非关键路径代码（如配置和初始化代码）的理想选择。许多 ROS 工具都是用 rospy 编写的，以利用类型内省功能。ROS 节点管理器、roslaunch 和其他许多 ROS 工具是用 rospy 开发的，因此 Python 是 ROS 的核心依赖项。

roslisp：roslisp 是 LISP 语言的客户端库，目前正用于规划库的开发。它支持独立的节点创建和在 ROS 系统运行过程中的交互使用。

ROS 还包含其他实验阶段的客户端库，例如 roscs、roseus、rosgo、roshask、rosjava 等。

6.3.6 更高层的概念

ROS 平台的核心试图尽可能地与架构无关。它提供了几种不同的数据通信模式（话题、服务、参数服务器），但它没有规定如何使用它们或如何命名它们。这种方法使 ROS 可以轻松地与各种体系结构集成，但是基于 ROS 构建更大的系统仍然需要更高层的概念。

下面介绍几个功能包和功能包集，它们为机器人的开发提供了一些常用的功能。

1. 坐标变换（coordinate frames/transforms）

tf 功能包提供了一个基于 ROS 的分布式框架，用于计算多个坐标系随时间变化的位置。

2. 行动/任务（actions/tasks）

actionlib 功能包定义了一个通用的、基于话题的接口，用于 ROS 中的抢占任务。

3. 消息本体（message ontology）

common_msgs 功能包集提供了机器人系统的基本消息本体，它定义了几个类别的消息，包括：用于表示行动的消息（actionlib_msgs）、用于发送诊断数据的消息（diagnostic_msgs）、用于表示常用集合图元的消息（geometry_msgs）、用于导航的消息（nav_msgs）、用于表示传感器数据的消息（sensor_msgs）。

4. 插件（plugins）

pluginlib 提供了一个库，用于在 C++代码中动态加载库。

5. 滤波器(filters)

滤波器功能包提供了一个 C++库，采用一系列的滤波方法来处理数据。

6. 机器人模型(robot model)

urdf 功能包集定义了一个 XML 格式来描述机器人模型，并提供了一个 C++解析器。

6.3.7　ROS 的基本指令

ROS 提供了一套以 ros 为前缀的命令，为 ROS 环境下的操作提供便利。下面仅简要地列出部分常用的命令，更详细的资料可查阅 ROS 官网。

1. ROS 文件系统命令

rospack：提取文件系统中功能包的信息。

rosstack：提取文件系统中功能包集的信息。

roscd：将当前路径切换到指定的路径下。

rosls：列出指定的功能包或功能包集中的文件及目录。

roscreate-pkg：创建一个新的功能包。

roscreate-stack：创建一个新的功能包集。

rosdep：安装 ROS 功能包系统依赖文件。

rosmake：编译和生成一个 ROS 功能包。

roswtf：显示 ROS 系统或者启动文件的错误或者警告信息。

2. ROS 核心命令

roscore：运行基于 ROS 系统必需的节点和程序的集合。为了保证节点能够通信，至少需要一个 roscore 在运行。

rosnode：显示当前运行的 ROS 节点信息。

rosmsg：显示消息的数据结构信息。

rossrv：显示服务的数据结构信息。

rosrun：允许用户不必先改变到相应目录就可以执行在任意一个功能包下的可执行文件。

roslaunch：启动定义在 launch 文件中的多个节点。

rostopic：获取有关 ROS 话题的信息。

rosservice：列出和查询 ROS 服务。

rosparam：存储并操作 ROS 参数服务器上的数据。

rosbag：用于录制、播放和其他操作的统一控制台工具。

6.3.8 ROS 的应用

目前，采用 ROS 体系结构的载体可以分为五类。其中，占比最高的是陆地机器人，其典型的应用场景包括未知环境探测、远程视频采集、汽车自动驾驶、家庭服务和康复医疗、教学研究等[28-30]。紧随其后的是机械臂，主要应用于工业生产(装配、切割、焊接等)、外科手术、教学研究等[31-33]。排在第三位的是空中机器人，主要用于地形勘察、立体图像检测等[34, 35]。这三类载体之间还存在着一些组合应用，例如在陆地机器人上安装机械手实现移动操作[36]；地面和空中及机器人配合以完成更复杂的使命[37, 38]。剩余两类载体的实例较少：元件类载体主要包含仿人机械手[39]和一些专用板卡；海洋机器人主要包括 Heron USV[40]、BlueROV[41]和 MORPH 项目中的 USV 和 UUV[42]。

6.4 其他基于工具箱的体系结构

除了 MOOS 和 ROS 体系结构之外，目前还有不少基于工具箱的体系结构，例如 JAUS[43]、机器人控制开源软件(open robot control software, Orocos)体系结构[44]、Player[45]、"又一个机器人平台"(yet another robot platform, YARP)[46]、卡内基梅隆机器人导航工具包(Carnegie Mellon robot navigation toolkit, CARMEN)[47]、微软机器人开发者工作室(Microsoft robotics developer studio)[48]等。限于篇幅，下面只对 JAUS 和 Orocos 进行介绍。

6.4.1 JAUS

JAUS[43,49,50]是由美国无人系统联合体系结构工作小组构建，它的目的在于提供一种降低系统生命周期成本的机制来支持无人系统的开发。

1. JAUS 简介

JAUS 定义了一套可重用的组件及其接口，这不仅降低了维护系统的费用，还大幅降低了后续系统开发的费用。可重用性使得组件可以轻易地从一套无人系统移植到另一套，而且在技术更新的时候也可以被轻易地替换。JAUS 中的组件可以分为两类：领域模型和参考体系结构。领域模型是无人系统功能和信息的表示，包含对系统功能和信息能力的描述。前者包括系统机动、导航、传感、有效载荷和操纵能力的模型；后者包括系统内部数据的模型，如地图和系统状态。参考体系结构提供了一个体系结构框架、一个消息格式的定义、一组标准的消息用于组件之间的通信。JAUS 系统中发生的所有事情都是由消息触发的。消息可以导致行动开始、信息交换和事件发生。这个策略使 JAUS 成为一个基于组件的消息传递体系结构。

JAUS 采用面向服务的体系结构(service oriented architecture, SOA)方法来实现对系统的分布式命令和控制。JAUS 完全由组件组成,若干个组件组成一个节点,若干个节点组成一个子系统,若干个子系统组成系统。系统的拓扑结构(特定系统、子系统、节点和组件的布局)由系统实现人员根据任务需求定义。JAUS 的拓扑结构和通信结构分布如图 6.8 和图 6.9 所示。图中的系统定义为机器人、操作者控制单元(operator control units, OCU)和提供完整机器人能力所需的基础设施的集合。子系统是系统中的独立单元(如机器人或 OCU)。节点在体系结构中定义了一种独特的处理能力,并将 JAUS 消息传递到组件。组件提供不同的执行能力,并直接响应命令消息。组件可能是传感器、执行器或有效载荷。

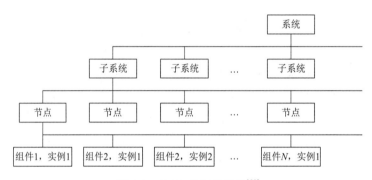

图 6.8　JAUS 的拓扑结构[50]

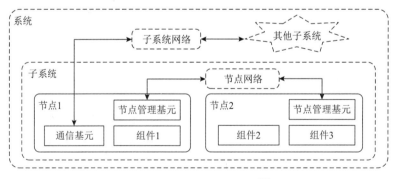

图 6.9　JAUS 的通信结构[50]

美国汽车工程师协会(Society of Automotive Engineers, SAE)的航空航天标准无人系统指导委员会为 JAUS 制定了一系列的标准,包括通信协议和消息格式。对于前者,标准定义了无人机器人系统、系统中的内部组件,以及与操作者控制站交互的通信协议；对于后者，标准定义了系统服务之间消息传输格式[51]，以及多组标准服务用于描述各种无人系统功能的特定功能组件[52-56]。

JAUS 的最大特点在于它提供了相对完备的、定义良好的消息。除了上述标准中提供的预先定义的标准化消息之外，JAUS 还允许用户自定义消息。消息包含消息头和消息实体两个部分。消息头遵循特定的格式，包括消息类型、目标地址（例如系统、子系统、节点和组件）、优先级等。虽然 JAUS 主要是点对点的，但 JAUS 消息也可以标记为广播并发布到所有组件。JAUS 还定义了导航和操作的坐标系统，以确保所有组件都能理解发送给它们的任何坐标。

2. OpenJAUS

OpenJAUS[50]使软件开发人员可以基于 JAUS 对系统进行开发，而又不需要了解标准本身的低层次细节。使用 OpenJAUS，用户可以直接访问 C++库源代码，因此用户可以知晓并控制系统上运行的内容。

OpenJAUS 是用于无人系统的兼容 JAUS 的中间件的主要来源。2006 年，OpenJAUS 代码库首次根据 BSD 许可证公开发布。2010 年，OpenJAUS 公司成立，成为维护、改进和推进 OpenJAUS 平台的企业实体，以应对 SAE JAUS 提出的挑战和机遇。

OpenJAUS 的产品包括 OpenJAUS 软件开发工具包(software development kit, SDK)、OpenJAUS 服务工作室(OpenJAUS service studio, OJSS)，以及一些基于 JAUS 标准的解决方案和一致性验证工具。

1)OpenJAUS 软件开发工具包

OpenJAUS 软件开发工具包是基于最新 JAUS 标准的 C++中间件工具包。用户可以在无人系统上使用 OpenJAUS 中间件，从而实现软件的标准化，以便与其他基于 SAE JAUS 的系统兼容。

OpenJAUS 软件开发工具包的特点包括：

(1)提供一个清晰而简洁的 C++ API；

(2)完全开源的代码库，用户可以查看所有代码并根据需要对其进行修改；

(3)与已发布的 JAUS 标准兼容；

(4)包含 JAUS 核心、运动、环境感知、机械臂的服务和消息集；

(5)可定制的 JAUS 服务组合；

(6)简化的状态机架构；

(7)JAUS TCP 和 UDP 消息传输的实现；

(8)可以在 Windows 和 Linux 环境下运行；

(9)JAUS 组件的动态配置和发现；

(10)事件服务消息引擎；

(11)完全支持额外的先进的爆炸物处理机器人系统(the advanced explosive ordnance disposal robotic system，AEODRS)和交互性概述(interoperability profiles，IOP)服务集；

(12)通过 AEODRS 系统测试平台进行测试和验证；

(13)通过 IOP 一致性验证工具(conformance validation tool, CVT)进行测试和验证；

(14)兼容任何政府备案计划。

2)OpenJAUS 服务工作室

OJSS 是 Eclipse 软件开发平台的一组插件，它使用户可以为自己的无人系统快速部署定制的基于 JAUS 的软件。OJSS 为用户提供了两个独特的功能：

(1)建立自己的 JAUS 服务。不同的无人系统有不同的需求。当前的 JAUS 标准可能无法传达系统所需的所有信息。在这种情况下，用户需要一种方法来创建自己的 JAUS 消息和服务。从头开始做可能会很费时，而且很难集成到现有框架中。OJSS 允许用户以最直观的方式(自上而下)轻松快速地对自定义 JAUS 服务和消息进行建模。OJSS 可以立即生成用户所需的代码。

OJSS 的特点如下：①OJSS 使用户能够自上而下图形化地建模定制的 JAUS 服务和消息集；②OJSS 允许用户以自己的格式、风格甚至语言为数百条消息生成 JAUS 代码。

(2)使用自己的软件。每个优秀的软件开发人员都知道，完全理解代码是成功开发的关键。如果用户需要使用 JAUS，自己理解的解决方案就是最佳的方案。这就是为什么自己的代码最适合自己。有了 OJSS，用户可以拥有自己的 JAUS 软件，而无须从头开始编写。

OJSS 基于 JAUS 消息和服务的模型生成代码。用户所需要做的就是编写将模型转换为代码文本的模板。然后，OJSS 将按照用户的需求、风格和喜欢的语言生成 JAUS 代码。OJSS 还附带一组生成 C++代码的参考模板。这与 OpenJAUS SDK 中使用的代码完全相同。如果用户使用 C++，就可以根据需要定制这些模板；如果用户需要不同语言的代码，也可以使用这些模板作为参考。

6.4.2　Orocos 体系结构

Orocos 体系结构[1, 44, 57]是一个用来构建先进机器和机器人实时控制软件的开源框架。它提供了很多功能，方便开发人员快速地开发机器人的软件模块。

1. Orocos 的组成

Orocos 由四个库组成，分别如下：

实时工具集(Orocos real-time toolkit)：为软件开发人员构建机器人应用提供了一个 C++框架，它允许应用设计者构建高度可配置和交互的、基于组件的实时控制应用。

Orocos 组件库(Orocos component library)：包含了一系列标准的 Orocos 组件，用于构建控制应用。

运动学与动力学库(kinematics and dynamics library)：提供了一个独立于应用的框架，用于机器人、机器工具、计算机动画人物等动力学约束的建模和计算。

贝叶斯滤波库(Bayesian filtering library)：提供了一个独立于应用的框架用于动态贝叶斯网络的推断,例如递归信息处理和基于贝叶斯规则的估计算法(如卡尔曼滤波、例子滤波)。

2. Orocos 的开发者

机器人学是一个多学科交叉的研究领域，研究人员的研究方向存在着较大的差异。因此，Orocos 项目的目标是满足不同类型用户的需求。

1)框架构建者

框架构建者并不是服务于一个具体的应用领域，而是提供底层的代码来支持应用的开发。这类开发者是整个 Orocos 软件框架的搭建者，其他开发者可以在这个软件框架上快速、方便地开发自己的功能模块。

2)组件构建者

组件是在一个应用中提供特定服务的模块。组件构建者可以基于底层架构来描述一个组件的接口并提供一个或多个实现。例如，可以将特定的算法模块、界面、硬件抽象等分别封装成一个独立组件。

3)应用构建者

应用构建者在底层架构基础上，根据需求将不同功能的组件整合到一起构成了一个专门的应用。

4)终端用户

这类用户使用由应用构建者创建的产品。对已做好的产品编程并执行特定的任务。

3. 构建 Orocos 应用的方法

Orocos 应用是由组件构成的。由于 Orocos 为软件开发人员提供了软件框架以及很多现成的组件，所以用户可以选择现成的开源组件，也可以使用实时工具集来开发自己的组件。一个组件包含五个接口：属性、事件、方法、命令和数据流端口(图 6.10)。这些接口都是可选的，通过它们可以与其他组件进行连接。

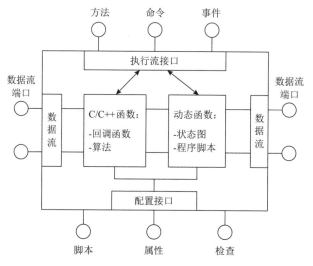

图 6.10　Orocos 组件的结构示意图[44]

(1)属性：组件运行时可修改的参数，其实就是一个组件程序中的变量，如控制组件中机器人目标位置、加速度、速度等变量。

(2)事件：当系统发生状态变化时触发一些功能的执行，如达到位置、紧急停车、目标已抓住。

(3)方法：可由其他组件调用，并能立即得出运算结果。方法类似于系统调用，这样在解决软件耦合性的同时也加强了组件之间的联系。

(4)命令：一个组件可以向其他组件发送命令，使另一个组件执行相应的命令。例如，移动到某一位置、回零、急停等。

(5)数据流端口：用于组件间有缓存或无缓存的数据通信，它可以降低各组件之间的耦合性，避免使用全局变量。

6.5　本章小结

本章主要以 MOOS 和 ROS 为例介绍了基于工具箱的体系结构，它们分别是紧密耦合结构和松散耦合结构的典型代表。至于这两种结构的优劣，这是一个仁者见仁、智者见智的问题，前者可能更便利一些，而后者可能更灵活一些。但实际上，用户更应该考虑的或许是它们提供的代码库。因为 MOOS 的应用主要集中在海洋机器人，而 ROS 则集中在陆地和工业机器人，所以根据自己的应用场景选择能够提供丰富代码库的工具箱才能最大限度地提高控制系统开发的效率。

基于工具箱的体系结构是目前应用最广泛的体系结构。如果把控制系统软件简单地分成各功能模块以及功能模块之间的交互两个部分，那么基于工具箱的体系结构从以下三个方面为系统开发者提供了便利。第一，它的内核定义了数据结构、通信机制等内容或者提供了相应的规范，从而为开发者屏蔽了模块之间交互的复杂性，使用户只需要关注如何借助内核提供的接口来完成各功能模块的开发；第二，它提供了非常丰富的代码库，用户可以根据具体的应用场景借鉴甚至直接使用相关的代码，快速完成功能模块的开发；第三，它提供非常便利的数据记录、分析、仿真工具，方便机器人开发过程中的调试。

虽然，基于工具箱的体系结构未必能使控制系统具有最优的性能，但它为控制系统开发提供的巨大便利性足以保障它在体系结构中的地位。基于工具箱的体系结构以其便利性不断地吸引新用户的加入，而新用户加入并发布他们的成果又反过来扩充了它的代码库，从而使它处于一个功能日益完善、用户群体日益庞大的良性循环过程中。此外，大量用户的参与也促进了学界和产业界标准的形成，方便学习和交流。

参 考 文 献

[1] Bruyninckx H. Open robot control software: the OROCOS project[C]. Proceedings of IEEE International Conference on Robotics and Automation, Seoul, South Korea, 2001: 2523-2528.

[2] Newman P M. MOOS-mission orientated operating suite[R]. Cambridge, MA: Department of Ocean Engineering, Massachusetts Institute of Technology, 2006.

[3] Benjamin M R, Schmidt H, Newman P, et al. An overview of MOOS-IvP and a users guide to the IvP helm: release 4.2.1[R]. Cambridge, MA: Department of Ocean Engineering, Massachusetts Institute of Technology, 2011.

[4] Newman P. MOOS-IvP 17.7.2 released[EB/OL]. （2018-10-15）[2019-4-15]. https://oceanai.mit.edu/moos-ivp/pmwiki/pmwiki.php.

[5] Codiga D L. A marine autonomous surface craft for long-duration, spatially explicit, multidisciplinary water column sampling in coastal and estuarine systems[J]. Journal of Atmospheric and Oceanic Technology, 2015, 32: 627-641.

[6] Eskesen J, Owens D, Soroka M, et al. Design and performance of Odyssey IV: a deep ocean hover-capable AUV, MITSG-09-08[R]. Cambridge, MA: MIT Sea Grant, Massachusetts Institute of Technology, 2009.

[7] Keller J. Bluefin robotics takes step toward autonomous adaptive collaboration among unmanned underwater vehicles[EB/OL]. （2011-7-18）[2019-8-21]. https://www.militaryaerospace.com/computers/article/16717126/bluefin-robotics-takes-step-toward-autonomous-adaptive-collaboration-among-unmanned-underwater-vehicles.

[8] Subsea World News. USA: bluefin robotics installs and demonstrates MOOS-IvP on bluefin-9 AUV[EB/OL]. （2011-7-17）[2019-8-21]. https://www.offshore-energy.biz/usa-bluefin-robotics-installs-and-demonstrates-moos-ivp-on-bluefin-9-auv.

[9] Subsea World News. Bluefin and MIT demonstrate AUV plug-n-play payload autonomy[EB/OL]. （2013-7-24）[2019-8-21]. https://maritime-executive.com/corporate/Bluefin-and-MIT-Demonstrate-AUV-PlugnPlay-Payload-Autonomy-2013-07-23.

[10] Schneider T, Schmidt H. Unified command and control for heterogeneous marine sensing networks[J]. Journal of Field Robotics, 2010, 27（6）: 876-889.

[11] Pastore T J, Patrikalakis A N. Laser scanners for autonomous surface vessels in harbor protection: analysis and experimental results[C]. International Waterside Security Conference, Carrara, Italy, 2010: 1-6.

[12] Djapic V. Conceptual future autonomous mine neutralization system[EB/OL]. (2011-6-23) [2019-8-21]. https://www.cmre.nato.int/images/stories/rokstories/2012/20110623%20ANMCM-N%20presentation.pdf.

[13] Djapic V, Nad D. Using collaborative autonomous vehicles in mine countermeasures[C]. OCEANS 2010 IEEE, Sydney, Australia, 2010.

[14] Barisic M, Vukic Z, Miskovic N, et al. A MOOS-based online trajectory replanning system for AUVs[C]. OCEANS 2009 IEEE, Bremen, Germany, 2009.

[15] Djapic V, Nad D. Command filtered backstepping design in MOOS-IvP helm framework for trajectory tracking of USVs[C]. Proceedings of the 2010 American Control Conference, Baltimore, MD, USA, 2010: 5997-6003.

[16] Petillo S, Schmidt H, Lermusiaux P, et al. Autonomous & adaptive oceanographic front tracking on board autonomous underwater vehicles[C]. OCEANS 2015 IEEE, Genoa, Italy, 2015.

[17] Benjamin M R, Defilippo M, Robinette P, et al. Obstacle avoidance using multiobjective optimization and a dynamic obstacle manager[J]. IEEE Journal of Oceanic Engineering, 2019, 44(2): 331-342.

[18] Schneider T, Schmidt H. Model-based adaptive behavior framework for optimal acoustic communication and sensing by marine robots[J]. IEEE Journal of Oceanic Engineering, 2013, 38(3): 522-533.

[19] Keane J R, Forrest A L, Johannsson H, et al. Autonomous underwater vehicle homing with a single range-only beacon[J]. IEEE Journal of Oceanic Engineering, 2018: 1-10.

[20] Dong L Y, Jia S L, Xu H L, et al. A design of control system for fixed double propellant unmanned surface vehicle based on MOOS-IvP[C]. Proceedings of the 2nd Asia-Pacific Conference on Intelligent Robot Systems, Wuhan, China, 2017: 146-150.

[21] Jiang D P, Pang Y J, Qin Z B. Application of MOOS-IvP architecture in multiple autonomous underwater vehicle cooperation[C]. Proceedings of 2010 Chinese Control and Decision Conference, Xuzhou, China, 2010: 1802-1807.

[22] 温国曦. AUV 组合导航算法研究及基于 MOOS 平台的系统实现[D]. 杭州: 浙江大学, 2013.

[23] Mattos D I, Santos D S D, Nascimento C L. Development of a low-cost autonomous surface vehicle using MOOS-IvP[C]. 2016 Annual IEEE Systems Conference, Orlando, FL, USA, 2016.

[24] Jia Q Y, Xu H L, Chen G. The development of a MOOS-IvP-based control system for a small autonomous underwater vehicle[C]. OCEANS 2016 IEEE, Shanghai, China, 2016.

[25] 侯建钊. 基于 MOOS 的自主式水下机器人软件系统设计与实现[D]. 青岛: 中国海洋大学, 2015.

[26] Powering the world's robots[EB/OL]. [2019-6-20]. https://www.ros.org.

[27] 张建伟, 张立伟, 胡颖, 等. 开源机器人操作系统: ROS[M]. 北京: 科学出版社, 2012.

[28] Reid R, Cann A, Meiklejohn C, et al. Cooperative multi-robot navigation, exploration, mapping and object detection with ROS[C]. Proceedings of IEEE Intelligent Vehicles Symposium, Gold Coast, QLD, Australia, 2013: 1083-1088.

[29] Feng Y B, Ding C J, Li X, et al. Integrating mecanum wheeled omni-directional mobile robots in ROS[C]. Proceedings of IEEE International Conference on Robotics and Biomimetics, Qingdao, China, 2016: 643-648.

[30] Ibragimov I Z, Afanasyev I M. Comparison of ROS-based visual SLAM methods in homogeneous indoor environment[C]. Proceedings of the 14th Workshop on Positioning, Navigation and Communications (WPNC), Bremen, Germany, 2017.

[31] Venator E, Lee G S, Newman W. Hardware and software architecture of ABBY: an industrial mobile manipulator[C]. Proceedings of IEEE International Conference on Automation Science and Engineering, Madison, WI, USA, 2013: 324-329.

[32] Bihlmaier A, Beyl T, Nicolai P, et al. ROS-based cognitive surgical robotics[M]// Bihlmaier A, Beyl T, Nicolai P, et al. Robot operating system (ROS), the complete reference (Volume 1). Cham, Switzerland: Springer International Publishing AG, 2016: 317-342.

[33] Meng S, Liang Y, Shi H. The motion planning of a six DOF manipulator based on ROS platform[J]. Shanghai Jiaotong Daxue Xuebao/Journal of Shanghai Jiaotong University, 2016, 50: 94-97.

[34] Hu T J, Zhao B, Tang D, et al. ROS-based ground stereo vision detection: implementation and experiments[J]. Robotics and Biomimetics, 2016, 3(1): 14.

[35] Yadav H, Srivastava S, Mukherjee P, et al. A real-time ball trajectory follower using robot operating system[C]. Proceedings of the 3rd International Conference on Image Information Processing, Waknaghat, India, 2015: 511-515.

[36] Asadi K, Jain R, Qin Z, et al. Vision-based obstacle removal system for autonomous ground vehicles using a robotic arm[C]. Proceedings of ASCE International Conference on Computing in Civil Engineering, Atlanta, GA, USA, 2019.

[37] Langerwisch M, Ax M, Thamke S, et al. Realization of an autonomous team of unmanned ground and aerial vehicles[C]. Proceedings of the 5th International Conference on Intelligent Robotics and Applications, Montreal, Canada, 2012: 302-312.

[38] Nnennaya M U, Akpaibor E O, Borate A P, et al. Joint behavioural control of autonomous multi-robot systems for lead-follower formation to improve human-robot interaction[C]. Proceedings of the 9th ACM International Conference on Pervasive Technologies Related to Assistive Environments, Corfu, Greece, 2016.

[39] Sivakumar K, Priyanka C. Grasping objects using shadow dexterous hand with tactile feedback[J]. International Journal of Innovative Research in Science, Engineering and Technology, 2015, 4(5): 3108-3116.

[40] Clearpath Robotics. HERON unmanned surface vessel[EB/OL]. [2019-8-23]. https://clearpathrobotics.com/heron-unmanned-surface-vessel.

[41] Blue Robotics Inc. BlueROV2[EB/OL]. [2019-8-23]. https://www.bluerobotics.com/store/rov/bluerov-r1.

[42] Kalwa J, Tietjen D, Carreiro-Silva M, et al. The European Project MORPH: distributed UUV systems for multimodal, 3D underwater surveys[J]. Marine Technology Society Journal, 2016, 50(4): 26-41.

[43] OpenJAUS[EB/OL]. [2019-8-24]. http://www.openjaus.com.

[44] The Orocos Project[EB/OL]. [2019-8-25]. https://www.orocos.org.

[45] The Player Project[EB/OL]. (2014-2-16) [2019-8-26]. http://playerstage.sourceforge.net.

[46] YARP, yet another robot platform [EB/OL]. [2019-8-26]. http://www.yarp.it/index.html.

[47] Carmen, robot navigation toolkit [EB/OL]. [2019-8-26]. http://carmen.sourceforge.net/intro.html.

[48] Microsoft robotics developer studio 4[EB/OL]. [2019-8-26]. https://www.microsoft.com/en-us/download/details.aspx?id=29081.

[49] Rowe S, Wagner C R. An introduction to the joint architecture for unmanned systems (JAUS)[R]. Ann Arbor, Michigan: Cybernet System Corporation, 2008.

[50] The joint architecture for unmanned systems, reference architecture specification, volume II, part 1: architecture framework, version 3.3[R]. Ann Arbor, Michigan: Cybernet System Corporation, 2007.

[51] JAUS/SDP transport specification: AS5669A[S]. SAE International, Warrendale, PA, USA, 2019.

[52] JAUS service interface definition language: AS5684B[S]. SAE International, Warrendale, PA, USA, 2015.

[53] JAUS HMI service set: AS6040[S]. SAE International, Warrendale, PA, USA, 2015.

[54] JAUS mobility service set: AS6009A[S]. SAE International, Warrendale, PA, USA, 2017.

[55] JAUS core service set: AS5710A[S]. SAE International, Warrendale, PA, USA, 2015.

[56] JAUS manipulator service set: AS6057A[S]. SAE International, Warrendale, PA, USA, 2019.

[57] Bruyninckx H. Orocos: design and implementation of a robot control software framework[R]. Washington D C: Tutorial given at IRCA2002, 2002.

7
体系结构的建模与分析——Petri 网

目前对体系结构的研究一般停留在方块图层面，验证体系结构是否正确主要采用反复实验和试错的方法。本章将尝试从理论层面对体系结构进行建模和分析。本章首先简要地介绍面向对象 Petri 网(Petri net, PN)；然后，采用面向对象 Petri 网对通用化体系结构进行建模，并从时序和逻辑的角度讨论该体系结构对使命的适应性；最后，本章介绍一种使命可达性判定方法，从而为系统的设计和验证提供理论基础。

7.1 面向对象 Petri 网理论简介

本章采用面向对象 Petri 网对体系结构进行建模和分析,因此本节先对这个数学工具进行简要的介绍。

7.1.1 Petri 网

Petri 网是 1962 年由德国科学家 C. Petri 先生在其博士学位论文中首次建立的。Petri 当初建立的模型实际上是一类特殊网——安全网，并理解为一种新的自动机模型，主要用于刻画通信机制，后经 Petri 及其他研究者的不断努力，使之逐渐形成了一门崭新的学科[1, 2]。

定义 7.1 PN 的结构是一个由 4 元组描述的有向图：

$$\mathrm{PNS} = (P, T, I, O) \tag{7.1}$$

式中，$P = \{p_1, p_2, \cdots, p_n\}$ 为库所的有限集合，$n > 0$ 为库所的个数；$T = \{t_1, t_2, \cdots, t_m\}$ 为变迁的有限集合，$m > 0$ 为变迁的个数，且 $P \cap T = \varnothing$；$I : P \times T \to N$ 为输入函数，它定义了从 P 到 T 的有向弧的重复数或权的集合，这里 $N = \{0, 1, \cdots\}$ 为非负整数集；$O : T \times P \to N$ 为输出函数，它定义了从 T 到 P 的有向弧的重复数或权的集合。

7.1.2　面向对象 Petri 网

Petri 网既能用图形结构化地描述系统复杂的事件逻辑与时序关系，又能基于数学方法对系统进行定量分析，因此在计算机、自动化、通信、交通、电力与电子、服务以及制造等领域得到了广泛的应用。但它也存在以下缺点[3]：

(1) 随着系统复杂程度增加，系统 Petri 网模型的建立及其分析将极其烦琐；

(2) 由于 Petri 网建模是高度依赖于系统的，缺少模块化、可重复使用性，因此建立系统 Petri 网模型极其困难，而且需要花费大量的时间；

(3) 由于 Petri 网模型是高度抽象的，缺少模型与系统实体之间的直观对照，因此难以理解。

为了克服 Petri 网的上述缺点，Valk[4]、Buchs 等[5]将面向对象建模技术 (object-oriented modeling, OOM) 与着色 Petri 网 (colored Petri net, CPN) 相结合，提出了面向对象 Petri 网 (object-oriented Petri net, OPN)。OPN 既具有对象的模块化、可重复使用性的特点，又继承了 Petri 网结构化描述复杂逻辑关系的能力。对象与系统的实体一一对应，便于阅读与理解系统的模型。而且对象将其详细的活动及其复杂的逻辑关系包裹起来，当关注整个系统行为时，只要关注对象与外界的信息传递接口以及不同对象接口之间的信息传递就可以了。只有当需要观察对象的行为时，才打开"包裹"，暴露其内部详细活动及其之间复杂的逻辑关系，因此系统模型比 Petri 网模型要简洁得多[3]。

定义 7.2　系统的 OPN 被定义为一个二元组[6]：

$$S = (\mathrm{Ob}, R) \tag{7.2}$$

式中，$\mathrm{Ob} = \{\mathrm{Ob}_i \mid i = 1, 2, \cdots, k\}$ 为系统对象的集合，k 为对象的个数；$R = \{R_{ij} \mid i, j = 1, 2, \cdots, k; i \neq j\}$ 为对象之间信息传递关系的集合。

(1) 对象 Ob_i 的 OPN 用下列七元组表示为[3]

$$\mathrm{Ob}_i = \{\mathrm{SP}_i, \mathrm{AT}_i, \mathrm{IM}_i, \mathrm{OM}_i, I_i, O_i, C_i\} \tag{7.3}$$

式中，Ob_i 为系统的第 i 个对象；SP_i 为 Ob_i 的状态库所 (state place) 有限集合；AT_i 为 Ob_i 的活动变迁 (activity transition) 有限集合；IM_i 为 Ob_i 的输入信息库所有限集合；OM_i 为 Ob_i 的输出信息库所有限集合；C_i 为与 Ob_i 的库所和变迁关联的色彩集合，$C(\mathrm{SP}_i)$、$C(\mathrm{AT}_i)$、$C(\mathrm{IM}_i)$、$C(\mathrm{OM}_i)$ 分别为 Ob_i 的状态库所、活动变迁、输入库所、输出库所的色彩集合；$I_i(P_i, T_i)$ 为库所 P_i 到变迁 T_i 的输入映射，$C(P_i) \times C(T_i) \to N$，对应着从 P_i 到 T_i 的彩色有向弧，其中，$P_i = \mathrm{SP}_i \bigcup \mathrm{IM}_i$，$T_i = \mathrm{AT}_i$；$O_i(P_i, T_i)$ 为库所 T_i 到变迁 P_i 的输出映射，$C(T_i) \times C(P_i) \to N$，对应着从 T_i 到 P_i 的彩色有向弧，其中，$P_i = \mathrm{SP}_i \bigcup \mathrm{OM}_i$，$T_i = \mathrm{AT}_i$。

上述对象 Ob_i 的 OPN 实际上就是 CPN，其激发规则与 CPN 完全相同。不同的是在 OPN 中，将库所划分为状态、输入信息和输出信息库所，且用活动变迁取代了 CPN 中的变迁。OPN 内部的状态库所与活动变迁描述了 OPN 所建模对象的动态属性，而输入/输出信息库所用于对象之间的信息发送和接收。

（2）对象 Ob_i 至 Ob_j 的信息传递关系网用下列八元组表示为[3]

$$R_{ij} = \left\{ OM_i, G_{ij}, IM_j, C(OM_i), C(IM_j), C(G_{ij}), I_{ij}, O_{ij} \right\} \tag{7.4}$$

式中，OM_i、IM_j、$C(OM_i)$、$C(IM_j)$ 的定义同（1）；G_{ij} 为 Ob_i 到 Ob_j 信息传递门的有限集合；$C(G_{ij})$ 为 G_{ij} 的色彩集合；$I_{ij}(OM_i, G_{ij})$ 为输出信息库所 OM_i 到 G_{ij} 的输入映射，$C(OM_i) \times C(G_{ij}) \to N$，对应着从 OM_i 到 G_{ij} 的彩色有向弧；$O_{ij}(IM_j, G_{ij})$ 为 G_{ij} 到输入信息库所 IM_j 的输出映射，$C(G_{ij}) \times C(IM_j) \to N$，对应着从 G_{ij} 到 IM_j 的彩色有向弧。

门是位于 OPN 之间的一种特殊的变迁，表示不同 OPN 之间信息传递的"事件"。图 7.1 给出了两个对象之间信息传递关系的示例。

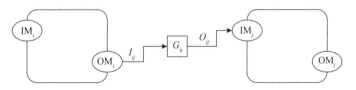

图 7.1　面向对象 Petri 网示意图

7.2　基于 Petri 网的体系结构建模与分析实例

本节以基于自主基元的体系结构为例，采用面向对象 Petri 网对其时序和逻辑进行分析。由第 5.3 节可知，我们所构建的体系结构由不同层次的多个自主基元构成。每个自主基元具有特定的功能，自主基元之间通过信息交互组合到一起构成了一个完整的系统。正如 OPN 的定义，基于 OPN 的模型描述了 AUV 通用化体系结构的两个方面：一是系统的对象，即各个自主基元，每个自主基元采用一个着色 Petri 网来描述其内部的时序和逻辑关系；二是对象之间信息传递关系，即自主基元之间的信息交互，采用门变迁对其进行描述。

7.2.1　体系结构建模

本小节首先给出体系结构的整体模型，然后给出每一层基元的实例。

1. 总体结构

图 7.2 给出了基于 OPN 的 AUV 通用化体系结构模型。图中，MPi 为对应基元的某个输入或输出信息库所；g_{ij} 为两个基元之间的某个门变迁，负责某个(或某些)信息的传递。

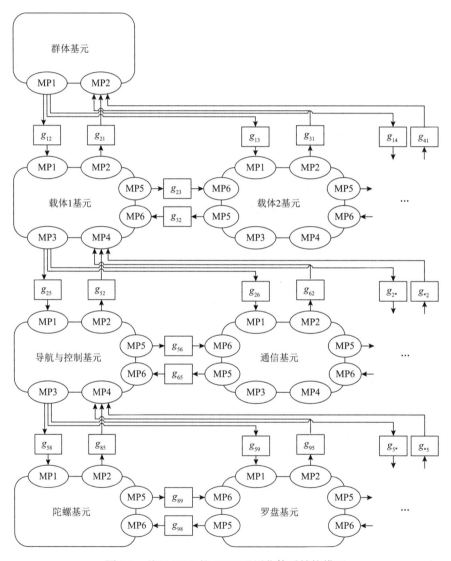

图 7.2　基于 OPN 的 AUV 通用化体系结构模型

2. 群体基元

群体基元的 OPN 模型如图 7.3 所示，表 7.1 列出了图 7.3 中库所和变迁的含义。

群体基元将使命分解成任务，包括发射、航渡/返航、GPS 校正、区域作业和回收。它本身并不执行这些任务，而是发送给它的下层基元执行，然后根据下层基元的执行情况做出决策，图中的 MP1 和 MP2 库所即分别代表任务指令的发送和任务执行情况的反馈。在图中，为了避免箭头的交错，将代表不同任务的库所分开表示，但实际上它们属于同一个节点。

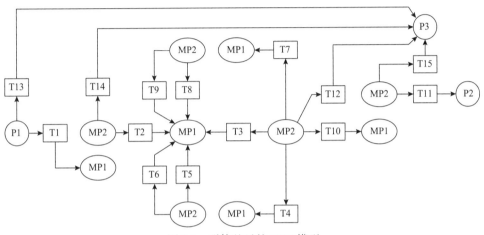

图 7.3　群体基元的 OPN 模型

表 7.1　图 7.3 中库所和变迁的含义

库所		变迁	
	执行发射任务	T1	准备就绪
	执行航渡(或者返航)任务	T2	发射任务完成
MP1	执行 GPS 位置校正任务	T3	未到达作业区域
	执行区域作业任务	T4	需要进行 GPS 位置校正
	执行回收任务	T5	GPS 位置校正任务完成
	发射任务完成/失败	T6	GPS 位置校正任务失败
	航渡(或者返航)任务完成	T7	航渡任务完成，到达作业区域
	GPS 位置校正任务完成/失败	T8	区域作业任务完成
MP2	区域作业任务完成	T9	作业能力丧失
	回收任务完成/失败	T10	返航任务完成，到达回收区域
	航渡能力丧失	T11	回收任务完成
	区域作业能力丧失	T12	航渡能力丧失
P1	使命开始	T13	机器人初始化失败
P2	使命完成	T14	发射任务失败
P3	使命终止	T15	回收任务失败

3. 载体基元

载体基元的总体模型如图 7.4 所示。对应于群体层的 5 个任务,它由 5 个子 PN 组成。根据上层所给的任务,它将进入相应的 PN 进行处理;在融合下层行为执行的反馈之后,将规划产生的新行为发送给下层,并将任务执行的情况向上层汇报。航渡任务和区域作业任务的子网如图 7.5 和图 7.6 所示,相应的状态库所和活动变迁的含义见表 7.2。其中,区域作业任务与使命是严格相关的,这里以情报、监视和侦察使命为例。

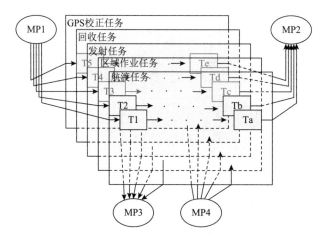

图 7.4 载体基元的 OPN 模型

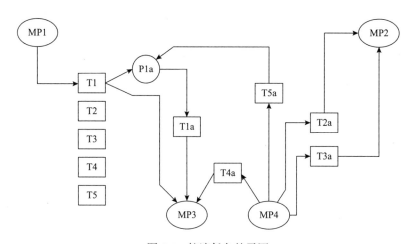

图 7.5 航渡任务的子网

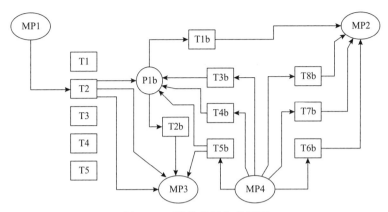

图 7.6 区域作业任务的子网

表 7.2 图 7.4～图 7.6 中的库所和变迁的含义

	库所		变迁
MP1	执行发射任务	T1	航渡(或者返航)任务
	执行航渡(或者返航)任务	T2	区域作业任务
	执行 GPS 位置校正任务	T3	发射任务
	执行区域作业任务	T4	回收任务
	执行回收任务	T5	GPS 位置校正任务
MP2	发射任务完成/失败	T1a	路径规划完成
	航渡(或者返航)任务完成	T2a	航渡行为完成且到达航渡关键点
	GPS 位置校正任务完成/失败		
	区域作业任务完成	T3a	关键的航渡行为发生故障
	回收任务完成/失败	T4a	航渡行为完成但尚未到达航渡关键点
	航渡能力丧失		
	区域作业能力丧失	T5a	发现障碍物
MP3	执行航渡行为	T1b	区域作业任务时间到
	执行探测行为	T2b	机动规划完成
	执行通信行为	T3b	航渡行为完成
MP4	航渡行为完成	T4b	发现障碍物
	航渡行为 i 发生故障	T5b	发现目标
	目标/障碍物信息	T6b	关键的航渡行为发生故障
	探测行为 j 发生故障	T7b	关键的通信行为发生故障
	通信行为 k 发生故障	T8b	关键的探测行为发生故障
P1a	路径规划		
P1b	机动规划		

4. 子系统层基元

对子系统层的基元，我们选取导航与控制基元为例。它通过上层输入的航渡行为提取载体的期望状态，然后从下层获取数据并进行融合得到载体的估计状态，控制算法根据期望状态和估计状态之间的偏差计算得到载体的控制量，输出给下层的基元。同时它还将航渡行为的执行情况和航渡行为能力列表汇报给上层。导航与控制基元的 OPN 模型如图 7.7 所示，表 7.3 为相应的状态库所和活动变迁的含义。

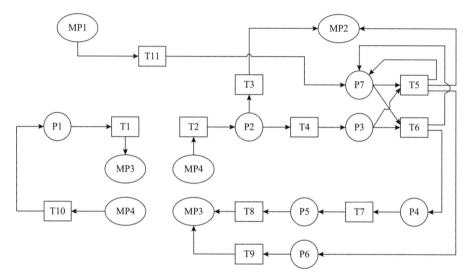

图 7.7 导航与控制基元的 OPN 模型

表 7.3 图 7.7 中的库所和变迁的含义

	库所		变迁
MP1	执行航渡行为	T1	新的控制周期开始
MP2	航渡行为完成	T2	所有设备的数据和状态信息接收完全
	航渡行为 i 发生故障		
MP3	获取设备的数据和状态	T3	航渡行为 i 的相应设备损坏
	设定执行器的动作输出	T4	当前航渡行为的相应设备运转正常
MP4	设备的数据和状态信息	T5	载体期望状态与估计状态的偏差小于门限
	设备动作控制完成		
P1	等待下一个控制周期	T6	载体期望状态与估计状态的偏差大于门限
P2	数据融合		

续表

库所		变迁	
P3	载体的估计状态	T7	控制量计算完成
P4	控制量计算	T8	控制量分配完成
P5	控制量分配	T9	控制量设置完成
P6	设置控制量为 0	T10	设备动作控制完成
P7	载体的期望状态	T11	期望状态提取

5. 元件层基元

对于元件层基元，我们选取陀螺基元和推进器基元为例。它们根据上层的指令，返回数据信息或者对执行器进行控制，同时它们还返回设备的状态信息。陀螺基元和推进器基元的模型分别如图 7.8 和图 7.9 所示，相应的状态库所和活动变迁的含义见表 7.4 和表 7.5。

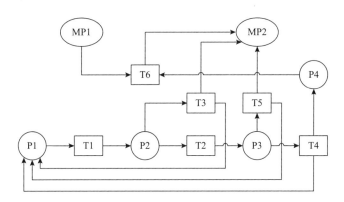

图 7.8　陀螺基元的 OPN 模型

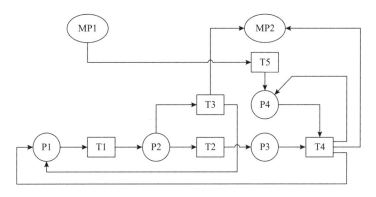

图 7.9　推进器基元的 OPN 模型

表 7.4 图 7.8 中的库所和变迁的含义

库所		变迁	
MP1	获取陀螺的信息	T1	新的控制周期开始
MP2	汇报陀螺数据信息	T2	陀螺运转正常
	汇报陀螺故障信息	T3	陀螺设备故障
P1	等待下一个控制周期	T4	数据包正确
P2	设备检查	T5	数据包错误
P3	分析数据	T6	返回数据
P4	保持数据		

表 7.5 图 7.9 中的库所和变迁的含义

库所		变迁	
MP1	设定推进器的动作输出	T1	新的控制周期开始
MP2	推进器控制完成	T2	推进器运转正常
	推进器故障信息	T3	推进器设备故障
P1	等待下一个控制周期	T4	推进器控制指令发送完成
P2	设备检查	T5	推进器指令封装
P3	准备发送推进器控制指令		
P4	推进器指令		

7.2.2 分析

从总体上来看，系统的模型由一系列的对象及其之间的信息传递关系构成。上层的对象将其规划得到的指令通过门变迁发送给下层，下层则将指令的执行情况和其自身的健康状态（即能力列表）反馈给上层。对于上层的对象，它只需要聚焦于下层对象所能够完成的指令并依此做出决策，而不必理会它是如何完成的。因此，下层的对象对上层的对象实现了复杂性的屏蔽。系统由多个层次的对象构成，其复杂性也就在一层层的屏蔽中被逐步化解。

下面我们深入对象的内部，分析其时序和逻辑关系对使命的适应性。因为设备层的基元是针对使命所使用的传感器和执行器而选取的，当使命发生变化的时候，只需要根据传感器和执行器的变化情况进行相应的替换，因此，设备层的对象对使命具有很强的适应性。这里我们将主要分析那些无法进行替换的对象，即设备层以外的其他对象。

群体层的对象负责将使命分解成为任务。一般的，使命可以由发射、航渡、

GPS 校正、区域作业、回收等任务组成，如图 7.3 所示，该时序逻辑关系并不是针对某个特定的使命而设计的，它可以适用于不同的使命，具有通用性。至于各个任务在不同的使命下可能具有不同的内容，这些都是由它的下层来完成的，它并不需要关心这些，即下层已经对它屏蔽了任务的复杂性。因此，群体层对象对使命具有很强的适应性。

使命的不同主要体现在区域作业任务的不同，此外，对发射、回收、航渡等任务可能也会有一些差异。载体层对象需要根据具体的使命将这些任务分解成行为。如图 7.4 所示，载体层对象的 OPN 由几个子 PN 并行组成，每个子 PN 对应于一个任务。因此，在对某个子 PN 进行修改的时候，并不会对其他的子 PN 造成影响。当更改使命时，多数情况下仅需要对区域作业任务的子 PN 进行修改；偶尔可能还需要修改其他的子 PN，例如使命需求由人工回收更改为自动回收。可见，载体层对象对使命也能够灵活地适应使命的变化。

以导航与控制基元的 OPN 模型为例对子系统层的对象进行分析。导航与控制对象负责实现载体层对象分配给它的航渡行为。对于不同的使命，航渡行为有明显的不同，有的使命只要求简单的直线航行、转弯等，有的则需要精确的曲线航行。如图 7.7，通过提取期望状态这一步骤，将与使命相关的航渡行为转化成为一般性的载体状态的期望值，从而使导航与控制对象对使命具有良好的适应性。此外，不同的载体可能有不同的执行器，从而需要不同的控制方式。对此，在模型中体现为控制量计算和控制量分配两个步骤，对不同的载体采用不同的控制策略和控制量分配方式，使之能够适用于各种载体。

综上所述，通过 OPN 模型对系统各层次自主基元的时序和逻辑关系的分析可以发现，AUV 通用化体系结构对于使命具有很好的适应性。

7.3 使命可达性问题的研究

可达性是 Petri 网的一个重要特性。给定一个 Petri 网，我们期望知道是否可以通过激发一系列变迁从初始标识到达目标标识。

定义 7.3[3] 若从初始标识 m_0 开始激发一个变迁序列 S_r 产生标识 m_r，则称 m_r 是从 m_0 可达的。所有从 m_0 可达的标识的集合称为可达标识集或可达集，记为 $R(m_0)$。一般的，从 m_0 到 m_r 所激发的变迁序列表示为 $S_r=t_{j_1},t_{j_2},\cdots,t_{j_r}$，这里 $j_1,j_2,\cdots,j_r$ 为 1 到 m 之间的整数。从 m_0 激发 S_r 产生 m_r 表示为 $m_0[S_r>m_r$。

有的时候我们只关心少数重要的库所的内容是否可以匹配，而不管其他库所的内容。因此我们可以只考察部分库所的可达性，即子标识的可达性问题。

定义 7.4 对于库所集合的一个子集 $P' \subset P$ 和与 P' 对应的标识 m_0'、m_r'，如果存在标识 m_0、m_r 和激发序列 S_r，满足：

(1) 对任何 $p_i \in P'$，有 $m_0'(p_i) = m_0(p_i)$ 和 $m_r'(p_i) = m_r(p_i)$；

(2) $m_0[S_r > m_r$。

则称子标识 m_r' 是从 m_0' 可达的，记为 $m_0'[S_r > m_r'$。

对于 AUV 系统，可达性可以用来描述如下问题：从系统的初始状态或者当前状态出发，要求达到期望的状态（例如使命完成），是否存在确定的运行步骤。用 m_0 表示系统的初始状态或者当前状态，m_r 表示系统的期望状态，S_r 表示系统的运行步骤，则问题可以描述为：给定 m_0 和 m_r，寻找 S_r 使得 $m_0[S_r > m_r$。

然而到现在为止，可达性问题的可决定性（或不可决定性，即不可解）问题还未得到解决。既没有一个解决这个问题的算法出现，也还没有人能够证明它是不可决定的[7]。对可达性问题常用的分析方法包括可达树方法和矩阵方程方法，二者都类似于穷举法，它们的计算量随着 PN 规模的增大呈组合级数递增，因此只适用于规模较小的 PN。对于规模较大的 PN，一般采用化简或者分解的方法进行分析，化简是将一个较复杂的 PN 简化成一个比较简单的 PN，而分解是将一个复杂的 PN 分割成若干个简单的 PN。在化简和分解过程中，使 PN 的性质保持不变是关键[8]。

在 7.2 节中，我们采用 OPN 对基于自主基元的体系结构（5.3 节）进行了建模，在此基础上，本节将对它的可达性问题进行研究。根据 OPN 的特点，系统在建模过程中已经被分解成许多个对象，即多个 CPN。但由于体系结构的特殊性，对象之间的关系与一般的 PN 分解下的情形有略微的差别。在本节的模型中，对象之间存在着明显的上下级关系；而在一般的 PN 分解中，所得到的若干个简单的 PN 之间是同级的关系。针对本节的研究对象，我们做如下规定，以降低可达性问题的复杂性。

定义 7.5 对于 OPN 中的对象 Ob_i 和 Ob_j，如果存在从 Ob_i 到 Ob_j 的门变迁 g_{ij} [即存在 $om_{im} \in OM_i$，$im_{jn} \in IM_j$，$g_{ij} \in G_{ij}$，满足 $(om_{im}, g_{ij}, im_{jn}) \in R_{ij}$]，也存在从 Ob_j 到 Ob_i 的门变迁 g_{ji}，并且 g_{ij} 传递的是控制指令或者协调信息，g_{ji} 传递的是相应指令的完成状态信息，则称 Ob_i 是 Ob_j 的直接上级或者上级，而 Ob_j 是 Ob_i 的直接下级或者下级。

系统中，如果 Ob_i 是 Ob_j 的直接上级，则意味着 Ob_i 位于 Ob_j 的相邻上层并负责 Ob_j 的管理；或者 Ob_i 和 Ob_j 位于同一个层次并且由 Ob_i 负责它们之间的协调。

需要指出的是，如果 Ob_i 是 Ob_j 的直接上级，则 Ob_i 必定是 Ob_j 的上级；反之，Ob_i 是 Ob_j 的上级未必说明 Ob_i 是 Ob_j 的直接上级。另外，如果 Ob_i 是 Ob_j 的上级，

Ob_j 是 Ob_k 的上级，则 Ob_i 是 Ob_k 的上级。即"上级"关系满足传递性。

定义 7.6 对于一个 OPN，如果满足：

(1) 存在某个对象，它是所有其他对象的上级；

(2) 对任何两个对象 Ob_i 和 Ob_j，Ob_i 是 Ob_j 的上级和 Ob_j 是 Ob_i 的上级不同时成立。

则称该 OPN 为无环的 OPN。同时，称满足条件 (1) 的对象为顶层对象。

虽然在 7.2 节的建模过程中已经完成了对系统的分解，但是并没有对系统的可达性问题进行考虑。针对 7.2 节建立的系统模型，下面给出一个判断系统状态可达性的充分条件。

定理 7.1[9, 10] 对于包含有限个对象的无环 OPN，对每个对象进行如下操作：

(1) 删除所有的门变迁。

(2) 对于每一对与下级交互的输出和输入信息库所（用于发送控制指令或协调信息和接收相应完成信息），用一个新建的状态库所取而代之。该库所复制与下级对象交互的输入信息库所的色彩集合。

(3) 将与被删除的输出和输入信息库所对应的有向弧改为与相应的新建状态库所对应。

如果完成上述操作之后，满足：

(1) 顶层对象的子标识状态 m'_{1r}（期望状态）是从子状态标识 m'_{10}（初始状态或当前状态）可达的。其中，子标识所对应的库所集合为原 OPN 中顶层对象的状态库所集合。

(2) 其他对象对来自上级的每个控制指令或协调信息，其子标识状态 m'_{ir}（完成某指令）是从子标识状态 m'_{i0}（执行某指令）可达的。其中，子标识所对应的库所集合为原 OPN 中该对象用于与它的上级交互的输入输出信息库所集合。

则原 OPN 的子标识状态 m'_r（期望状态）是从子状态标识 m'_0（初始状态或当前状态）可达的。其中，子标识所对应的库所集合为原 OPN 中顶层对象的状态库所集合，$m'_0 = m'_{10}$，$m'_r = m'_{1r}$。

证明：采用数学归纳法。

(1) 如果原 OPN 仅包含一个对象，那么它的输入输出信息库所集合、对象之间的信息传递关系集合均为空集，即原层次化 OPN 退化成一个普通的 PN。因为该对象的子标识状态 m'_{1r} 是从 m'_{10}（初始状态或当前状态）可达的，即存在激发序列 S_r 使得 $m'_{10}[S_r > m'_{1r}$，因此有 $m'_0[S_r > m'_r$，结论成立。

(2) 假设对包含 m 个对象的层次化 OPN 结论成立，即存在激发序列 S_r 使得 $m'_0[S_r > m'_r$。那么当对象个数为 $m+1$ 时，新加入的对象必定为原来某个或者某些对象的直接下级。这里我们仅讨论前一种情形，并记新加入的对象为 Ob_j，其直

接上级对象为 Ob_i。后一种情形可以类似证明。

在引入对象 Ob_j 之前，Ob_i 控制或协调指令的执行是通过新建状态库所（用 p_{ik} 表示）来象征的［根据操作步骤(2)］。对于某个控制或协调指令的执行，找出激发序列 S_r 中所有与它相关的活动变迁 $S_r = \cdots t_{ip} \cdots t_{iq} \cdots t_{ip} \cdots t_{iq} \cdots$，其中，活动变迁 t_{ip} 向 p_{ik} 放入托肯，而活动变迁 t_{iq} 从 p_{ik} 取走托肯。

在引入对象 Ob_j 之后，Ob_i 控制或协调指令的执行变为由 Ob_j 通过一系列的细化步骤来实现。为此，t_{ip} 不再向 p_{ik} 放入托肯，而是放入 Ob_j 的输出信息库所，并进一步通过门变迁 g_{ij} 传递到 Ob_j 的输入信息库所，构成对象 Ob_j 的子标识状态 m'_{j0}。根据定理 7.1 中的条件(2)，对象 Ob_j 的子标识状态 m'_{jr} 是从 m'_{j0} 可达的，即可以找到激发序列 S_{jr} 使 Ob_j 由状态 m'_{j0} 演变为 m'_{jr}，并往 Ob_j 的输出信息库所放入托肯。此时，门变迁 g_{ji} 将被触发并将 Ob_j 输出信息库所中的托肯传递到 Ob_i 的输入信息库所，从而使得激发序列中的 t_{iq} 可以正常发射。

因此，在完成了该控制或者协调指令的分析之后，子标识状态 m'_r 仍然是从子状态标识 m'_0 可达的，即 $m'_0[S'_r > m'_r$，其中，$S'_r = \cdots t_{ip} g_{ij} S_{jr} g_{ji} \cdots t_{iq} \cdots t_{ip} g_{ij} S_{jr} g_{ji} \cdots t_{iq} \cdots$。其他的控制或者协调指令可以做类似的分析。因此，在完成了 Ob_i 中的所有控制或者协调指令的分析之后，系统仍然是从子标识状态 m'_0 到 m'_r 可达的，即 $m'_0[S''_r > m'_r$。

由于原层次化 OPN 包含有限个对象，因此，根据证明步骤(1)和(2)，在经过有限次的对象引入之后，即可构成原 OPN，并且系统的子标识可达性也得到了保证。证毕。

根据定理 7.1，在经过一些简单的操作之后，我们就可以通过各个对象的可达性来推导出整个 OPN 的可达性。由于每个对象的规模都比较小，不论是采用可达树方法还是矩阵方程方法，计算量都不会太大，从而避免了直接验证 OPN 的可达性可能出现的组合爆炸问题。

除此之外，从定理 7.1 中，我们还可以得到以下启示：

(1)在对对象进行开发的时候，需要验证它们的可达性，即验证它们是否能够完成上层分配的每个控制指令。根据定理 7.1，这点的重要性是不言而喻的。

(2)在 AUV 运行过程中，使命的规划分解应该采用"可达性优先"的策略。对任何一个对象，当且仅当它确认能够完成当前上层分配的指令之后，即当它已经找到了从当前状态到达期望状态的激发序列之后，它才把它分解得到的控制指令陆续分配给下层。这是因为一旦某个对象确定了它当前的控制指令是不可完成的，那么它的下层继续进行任何的规划分解都是毫无意义的。

(3)作为(2)的前提条件，为了使上层对象能够做出正确的规划，下层对象应实时地评估其自身的能力，并将它的能力列表汇报给上层。

7.4　本章小结

本章采用面向对象 Petri 网对基于自主基元的体系结构进行了建模，并从时序和逻辑的角度讨论该体系结构对使命的适应性。另外，本章介绍一种使命可达性判定方法，它可以将整个系统的可达性分解为各个对象的可达性，从而大幅简化了验证工作的计算量。

参 考 文 献

[1] Petri C A. Introduction to general net theory[C]. Proceedings of the Advanced Course on General Net Theory of Processes and Systems: Net Theory and Applications, Hamburg, Germany, 1979.

[2] Murata T. Petri nets: properties, analysis and applications[J]. Proceedings of the IEEE, 1989, 77(4): 541-580.

[3] 江志斌. Petri 网及其在制造系统建模与控制中的应用[M]. 北京: 机械工业出版社, 2004.

[4] Valk R. Petri Nets as Token objects: an introduction to elementary object nets[C]. 19th International Conference on Application and Theory of Petri Nets, Lisbon, Portugal, 1998.

[5] Buchs D, Guelfi N. A formal specification framework for object-oriented distributed systems[J]. IEEE Transactions on Software Engineering, 2000, 26(7): 635-652.

[6] 许真珍. 面向多目标搜索的多 UUV 协作机制及实现方法研究[D]. 沈阳: 中国科学院沈阳自动化研究所, 2008.

[7] Peterson J L. PETRI 网理论与系统模拟[M]. 吴哲辉, 译. 徐州: 中国矿业大学出版社, 1989.

[8] 蒋昌俊. PETRI 网的行为理论及其应用[M]. 北京: 高等教育出版社, 2003.

[9] 林昌龙, 刘开周. 基于面向对象 Petri 网的水下机器人体系结构建模与可达性问题研究[J]. 机器人, 2013(3): 78-84.

[10] Lin C L, Li Y P. Study on mission reachability problem for multiple AUVs based on object-oriented petri net[C]. Proceedings of IEEE International Conference on Cyber Technology in Automation, Control, and Intelligent Systems, Shenyang, China, 2015: 1259-1264.

索　引

ℬ

包容式体系结构 ······················ 32

𝒟

动态配置体系结构（DCA）··········· 55

ℱ

反应式体系结构 ······················ 31

分层式体系结构 ······················ 16

符号-包容-伺服（SSS）体系结构 ······ 59

复杂环境导航三层体系结构

　（ATLANTIS）···················· 70

𝒢

感知-规划-执行（SPA）体系结构 ····· 12

规划器-反应器体系结构 ············· 73

过程推理系统（PRS）体系结构 ······· 71

ℋ

混合式体系结构 ······················ 51

混合型水下机器人 ····················· 1

𝒥

机器人操作系统（ROS）体系结构 ···· 152

机器人控制开源软件（Orocos）体系

　结构 ······························ 165

基于动机的行为体系结构（MBA）···· 76

基于工具箱的体系结构 ············· 129

基于宽松耦合组件的通用化控制

　系统软件体系结构（GLOC3）···· 122

基于行动计划（势能场）的体系结构 ···44

基于行为的体系结构 ················· 31

基于自主基元的体系结构 ··········· 104

集中式体系结构 ······················ 25

𝒦

开放式控制器计算机辅助设计

　（ORCCAD）体系结构 ············· 5

可达性 ······························ 185

空中机器人 ···························· 2

ℒ

理性行为模型（RBM）体系结构 ····· 54

陆地机器人 ···························· 2

ℳ

面向对象 Petri 网（OPN）··········· 176

面向使命的操作套件（MOOS）体系

　结构 ······························ 130

模块化任务体系结构（MTA）········ 76

𝒩

NASA/NBS 标准参考模型

　（NASREM）体系结构 ·············· 16

𝒫

Petri 网（PN）······················ 175

𝒬

倾向性系统体系结构 ················· 38

情景评价体系结构 ··················· 23

区间规划（IvP）···················· 130

全域执行和规划技术（ADEPT）
体系结构 ……………………… 121

R

任务控制体系结构（TCA）………… 77

S

慎思式体系结构 ………………… 11
实时人工智能系统（ARTIS）智能体
体系结构 ……………………… 76
实用软件体系结构（PRSA）……… 5
水面机器人 ……………………… 2
水下机器人 ……………………… 1
四维实时控制系统（4D/RCS）体系
结构 …………………………… 93
Sea Squirt 的体系结构 ………… 35
Shakey ………………………… 12

T

体系结构 ………………………… 2
通用化体系结构 ………………… 90

W

网状结构 ………………………… 27
无人系统联合体系结构（JAUS）…… 165

X

星形结构 ………………………… 25

Y

遥控水下机器人 ………………… 1
移动导航分布式体系结构（DAMN）… 40

Z

智能体理论体系结构 …………… 81
状态配置分层控制体系结构 …… 53
自主机器人双层体系结构
（CLARAty）………………… 60
自主机器人体系结构（AuRA）…… 58
自主计算 ………………………… 92
自主水下机器人 ………………… 1
自主水下机器人控制器（AUVC）
体系结构 ……………………… 24

彩 图

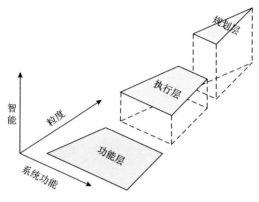

图 4.9 传统混合式体系结构

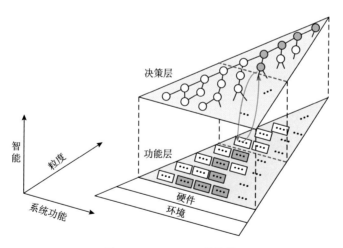

图 4.10 CLARAty 的结构

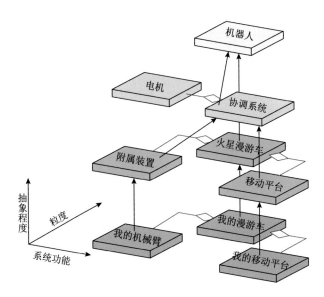

图 4.11　类的继承和聚合关系的简单示意

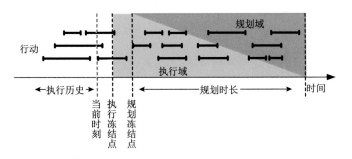

图 4.14　规划和执行的融合

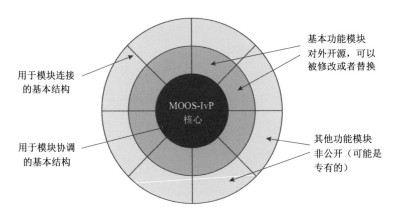

图 6.1　MOOS 的设计思想

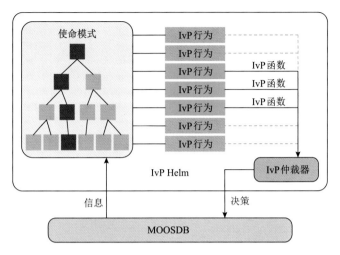

图 6.5 Helm 的内部结构

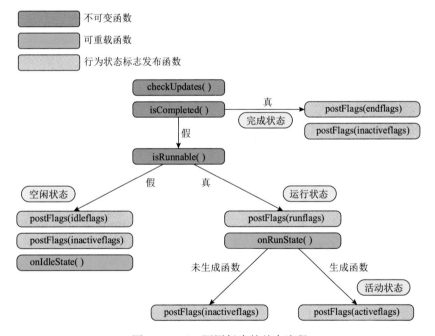

图 6.6 Helm 调用行为的基本流程

图 6.7　MOOS-IvP 的典型应用